FORSCHUNGSBERICHTE DES LANDES NORDRHEIN-WESTFALEN

Nr. 2013

Herausgegeben im Auftrage des Ministerpräsidenten Heinz Kühn
von Staatssekretär Professor Dr. h. c. Dr. E. h. Leo Brandt

DK 532.72:66.066

Prof. Dr. Fritz Schultz-Grunow
Dr. rer. nat. Herbert Zeibig

Institut für allgemeine Mechanik
an der Rhein.-Westf. Techn. Hochschule Aachen

Isotopentrennung von Gasen durch Thermodiffusion mit einer in einem geschlossenen Gehäuse rotierenden Scheibe

Springer Fachmedien Wiesbaden GmbH 1969

Die Arbeit entstand im Rahmen des Forschungsvorhabens:

„Entfernung kleinster Staub- und radioaktiver Partikelchen mittels Thermodiffussion"

ISBN 978-3-663-20138-0   ISBN 978-3-663-20500-5 (eBook)
DOI 10.1007/978-3-663-20500-5
Verlags-Nr. 012013
©1969 by Springer Fachmedien Wiesbaden
Ursprünglich erschienen bei Westdeutscher Verlag GmbH, Köln und Opladen 1969.

Inhalt

1. Einleitung 5

2. Aufbau und Wirkungsweise des Trennverfahrens 5

3. Theorie der Isotopentrennung an der ebenen Scheibe 6
   - 3.1 Grundgleichungen 6
   - 3.2 Bewegungsgleichung und Massenerhaltungssatz für die Strömung zwischen Scheibe und Gehäuse 7
   - 3.3 Der Erhaltungssatz für die leichte Komponente 9
   - 3.4 Der Energiesatz für das Gasgemisch 9
   - 3.5 Lösung der Transportgleichung für den stationären Zustand 10
   - 3.5.1 Der Fall $c_1 \ll 1$ 13
   - 3.5.1.1 Diskussion einiger Extremfälle 13
   - 3.5.2 Die allgemeine Lösung 15
   - 3.6 Der Erhaltungssatz für die schwere Komponente 16
   - 3.6.1 Lösung der Transportgleichung der schweren Komponente für den stationären Zustand 16
   - 3.6.2 Der Fall $c_2 \ll 1$ 17
   - 3.6.3 Die allgemeine Lösung 18
   - 3.7 Ergebnisse der Theorie 18

4. Experimentelle Untersuchungen an der konischen Scheibe 21
   - 4.1 Die Versuchsanordnung 21
   - 4.2 Durchführung der Versuche 22
   - 4.3 Versuchsergebnisse 23
   - 4.3.1 Die Ergebnisse der N_2/O_2-Messungen 23
   - 4.3.2 Die Ergebnisse der Isotopentrennung von Argon 25
   - 4.3.3 Die Ergebnisse der Isotopentrennung von ^{18}O, ^{17}O und ^{13}C 25

5. Vergleich zwischen der Theorie an der ebenen Scheibe und den experimentellen Untersuchungen an der konischen Scheibe 26

6. Wirtschaftlichkeitsbetrachtungen 27

7. Zusammenfassung 29

8. Literaturverzeichnis 30

9. Anhang 31

1. Einleitung

Die vorliegende Arbeit behandelt das von SCHULTZ-GRUNOW [1] angegebene neue Isotopentrennverfahren mit einer in einem geschlossenen Gehäuse rotierenden Scheibe. Sie besteht aus zwei voneinander unabhängigen Teilen. Im ersten Teil wird die Theorie für das genannte Trennverfahren an der ebenen rotierenden Scheibe im Gehäuse entwickelt. Die Ergebnisse dieser Theorie gestatten die vollständige Erklärung der Vorgänge, die zur Trennung der Gas- und insbesondere Isotopengemische in dieser Trennscheibe führen. Die Lösung der Transportgleichung erfolgt für ein Gasgemisch von zwei Komponenten im stationären Zustand bei kontinuierlicher Entnahme und führt für beide Komponenten zur Ermittlung des Anreicherungsfaktors in Abhängigkeit von allen wichtigen Parametern. Im zweiten Teil der Arbeit werden die Ergebnisse von experimentellen Untersuchungen an einer konischen Trennscheibe mitgeteilt. Zur Feststellung der Arbeitsweise dieser Scheibe wurden zunächst die Anreicherungsfaktoren von N_2 und O_2 aus einem N_2/O_2-Gasgemisch ermittelt. Sie bildeten die Grundlage für die anschließende Untersuchung der Isotopengemische $^{36}A/^{40}A$, $^{38}A/^{40}A$, $^{16}O^{16}O/^{16}O^{18}O$, $^{16}O^{16}O/^{16}O^{17}O$ und $^{12}CH_4{}^{13}CH_4$. Am Schluß der Arbeit wird ein Vergleich von Theorie und Experimenten vorgenommen, wobei sich zeigt, daß die Theorie der Isotopentrennung an der ebenen Scheibe die experimentellen Ergebnisse an der konischen Scheibe auch quantitativ richtig wiedergibt. Durch den Konus bedingte Abweichungen werden erklärt. Die theoretischen Berechnungen wurden im Rechenzentrum der Technischen Hochschule Aachen durchgeführt.

2. Aufbau und Wirkungsweise des Trennverfahrens

In einem geschlossenen Gehäuse (Abb. 1*) rotiert eine Scheibe und erzeugt in einem engen Spalt zwischen Scheibe und Gehäuse bei mäßiger Winkelgeschwindigkeit ω eine laminare spiralförmige Strömung, die zuerst von SCHULTZ-GRUNOW [2] berechnet wurde. Die Radialkomponente dieser Strömung ist in der Nähe der Scheibe nach außen und in der Nähe des Gehäuses nach innen gerichtet. Durch Aufheizen des Gehäuses und Kühlung der Scheibe wird im Spalt ein Temperaturgradient erzeugt, der die Trennung der Gaskomponenten im Spalt auf der Grundlage der Thermodiffusion bewirkt [3, 4, 5]. Die schwere Komponente des Isotopengemisches reichert sich dabei im allgemeinen an der Scheibe an und wird dort durch die Strömung nach außen befördert. Die leichte Komponente reichert sich entsprechend am Gehäuse an und wird dort nach innen befördert. Die angereicherten Komponenten können innen und außen kontinuierlich entnommen werden. Die Zufuhr des ungetrennten Gemisches erfolgt an einer geeigneten Stelle.
Dieses Verfahren unterscheidet sich von den bisher bekannten Isotropentrennverfahren [6, 7, 8] durch die Kombination des Thermodiffusionseffektes mit einer erzwungenen Konvektionsströmung, die unabhängig vom Temperaturgradienten im Spalt ist und

---

* Die Abbildungen stehen im Anhang ab Seite 33.

frei wählbar eingestellt werden kann. Beim Trennverfahren von CLUSIUS und DICKEL [9], dem ersten Verfahren, in welchem eine Vervielfachung der Thermodiffusionswirkung durch eine Konvektionsströmung erfolgt, wird diese durch den Temperaturgradienten hervorgerufen, der im Schwerefeld Auftrieb erzeugt.

3. Theorie der Isotopentrennung an der ebenen Scheibe

3.1 Grundgleichungen

Für ein Gasgemisch von zwei Komponenten werden die Grundgleichungen in der von CHAPMAN und COWLING [3] angegebenen Schreibweise verwendet. Darin ist ϱ die Dichte, n die Zahl der Moleküle pro Volumeneinheit und $\mathbf{c}_0$ der Vektor der Massengeschwindigkeit des Gemisches. Die ϱ_i und n_i sind die entsprechenden Größen für die Komponenten des Gemisches, und die $\mathbf{\bar{C}}_i$ sind die Vektoren der mittleren Molekülgeschwindigkeiten der Komponenten, bezogen auf die Massengeschwindigkeit $\mathbf{c}_0$. $\mathbf{q}$ ist der Vektor des Wärmeflusses pro Flächen- und Zeiteinheit, $\mathbf{P}$ der Drucktensor mit der Normalkomponente p, $\bar{E}$ die mittlere thermische Energie pro Molekül und $\mathbf{F}_1$, $\mathbf{F}_2$ sind die Massenkräfte auf die Moleküle der entsprechenden Komponente. Die m_i sind die Massen der einzelnen Komponenten, D_{12} ist der Diffusionskoeffizient, T die absolute Temperatur und k_T das Thermodiffusionsverhältnis. Das Vorzeichen von k_T ist hier so gewählt, daß der Thermodiffusionsfaktor $\alpha = n_1 n_2 k_T/n^2$ für die leichte Komponente positiv wird. Zwischen den eingeführten Größen bestehen die folgenden Beziehungen:

Die Zahl der Moleküle des Gasgemisches

$$n = \sum_i n_i$$

und die Dichte des Gemisches

$$\varrho = \sum_i \varrho_i = \sum_i n_i m_i$$

Die Massengeschwindigkeit des Gemisches, worin $\bar{\mathbf{c}}_i$ die mittlere absolute Geschwindigkeit der i-ten Komponente bedeutet, ist definiert durch

$$\varrho \mathbf{c}_0 = \sum_i \varrho_i \bar{\mathbf{c}}_i$$

und die Eigengeschwindigkeit eines Moleküls im Gasgemisch ist definiert durch

$$\mathbf{C}_i = \mathbf{c}_i - \mathbf{c}_0$$

Daraus folgt die Beziehung

$$\sum_i \varrho_i \bar{\mathbf{C}}_i = 0$$

Damit gelten die folgenden Gleichungen:

Der Massenerhaltungssatz für das Gasgemisch

$$\frac{\partial \varrho}{\partial t} + \frac{\partial}{\partial \mathbf{r}} \cdot \varrho \mathbf{c}_0 = 0 \qquad (3.1\text{-}1)$$

Die Bewegungsgleichung für das Gasgemisch

$$\varrho \frac{\partial \mathbf{c}_0}{\partial t} + \varrho \mathbf{c}_0 \frac{\partial}{\partial \mathbf{r}} \cdot \mathbf{c}_0 = -\frac{\partial}{\partial \mathbf{r}} \cdot \mathbf{P} + \varrho_1 \mathbf{F}_1 + \varrho_2 \mathbf{F}_2 \qquad (3.1\text{-}2)$$

Der Energiesatz für das Gasgemisch

$$\frac{\partial}{\partial t} n \bar{E} + \frac{\partial}{\partial \mathbf{r}} \cdot \{n \bar{E} \mathbf{c}_0 + \mathbf{q}\} = \varrho_1 \bar{\mathbf{C}}_1 \mathbf{F}_1 + \varrho_2 \bar{\mathbf{C}}_2 \mathbf{F}_2 - \mathbf{P} : \frac{\partial}{\partial \mathbf{r}} \mathbf{c}_0 \qquad (3.1\text{–}3)$$

Der Erhaltungssatz für die Moleküle der ersten Komponente

$$\frac{\partial}{\partial t} n_1 + \frac{\partial}{\partial \mathbf{r}} \cdot n_1 \{\mathbf{c}_0 + \bar{\mathbf{C}}_1\} = 0 \qquad (3.1\text{–}4)$$

Die Diffusionsgleichung eines Zweikomponentengemisches

$$\bar{\mathbf{C}}_1 - \bar{\mathbf{C}}_2 = -\frac{n^2}{n_1 n_2} D_{12} \left\{ \frac{\partial}{\partial \mathbf{r}} \frac{n_1}{n} + \frac{n_1 n_2}{n \varrho} (m_2 - m_1) \frac{\partial \ln p}{\partial \mathbf{r}} \right.$$
$$\left. - \frac{\varrho_1 \varrho_2}{p \varrho} (\mathbf{F}_1 - \mathbf{F}_2) - k_T \frac{\partial \ln T}{\partial \mathbf{r}} \right\} \qquad (3.1\text{–}5)$$

Für die Moleküle der zweiten Komponente gilt ein der Gl. (3.1-4) entsprechender Ausdruck. Der Index 1 bezieht sich stets auf die leichte Komponente.

3.2 Bewegungsgleichung und Massenerhaltungssatz für die Strömung zwischen Scheibe und Gehäuse

Es wird die Bewegungsgleichung für eine rotationssymmetrische, inkompressible, zähe Strömung im stationären Zustand mit den Koordinaten r, φ, z und der Geschwindigkeit $\mathbf{c}_0 = (u, v, w)$ aufgestellt, die durch Einführung der Spaltweite s und des Scheibenradius r_0 dimensionslos gemacht wird. Der Radialkomponente wird ein konstanter sekundlicher Massenfluß σ_0 in der negativen r-Richtung überlagert, was durch die spätere experimentelle Anordnung bedingt ist. Mit den dimensionslosen Koordinaten $\eta = \dfrac{r}{r_0}$ und $\xi = \dfrac{z}{s}$ und dem dimensionslosen Durchfluß $\bar{\sigma}$, der definiert ist durch

$$\bar{\sigma} = \frac{\sigma_0}{\varrho} \frac{1}{2 \pi r_0} \frac{1}{\nu} \frac{s}{r_0}$$

mit

$$\sigma_0 = - \int_0^s \varrho \bar{u} \, 2 \pi r \, dz$$

worin $\bar{u}$ die als von z unabhängig angenommene mittlere Geschwindigkeit des Durchflusses ist, erhält man die Bewegungsgleichung und die Kontinuitätsgleichung in der folgenden Form. Dabei werden für die Geschwindigkeitskomponenten und den Normaldruck p die Ansätze gemacht

$$u = -\frac{\nu r_0}{s^2} \frac{1}{\eta} \{\eta^2 \operatorname{Re}^2 f(\xi) + \bar{\sigma}\}$$

$$v = \frac{\nu r_0}{s^2} \eta \operatorname{Re} g(\xi)$$

$$w = \frac{\nu}{s} \operatorname{Re}^2 h(\xi)$$

$$p = \frac{K}{2} \left(\frac{\nu r_0}{s^2}\right)^2 \varrho \operatorname{Re}^2 \eta^2 + \frac{\nu^2}{s^2} \varrho \operatorname{Re} p_0(\xi) \qquad (3.2\text{–}1)$$

Die darin noch zu bestimmende Konstante K ist ein Maß für die Winkelgeschwindigkeit an der Stelle ξ, an der die Radialkomponente der Geschwindigkeit in der Nähe der Mitte des Spaltes null wird. Die Komponenten der Bewegungsgleichung und die Kontinuitätsgleichung lauten damit wie folgt:

r-Komponente

$$\mathrm{Re}^2 \left\{ f^2(\xi) - h(\xi) f'(\xi) \right\} - \frac{\bar{\sigma}^2}{\mathrm{Re}^2 \, \eta^4} = g^2(\xi) - f''(\xi) - K$$

φ-Komponente

$$-2 \, \mathrm{Re}^2 f(\xi) g(\xi) - 2 \frac{\bar{\sigma}}{\eta^2} g(\xi) + \mathrm{Re}^2 h(\xi) g(\xi) = g''(\xi)$$

z-Komponente

$$\mathrm{Re}^3 h(\xi) h'(\xi) = - p'_o(\xi) + \mathrm{Re} \, h''(\xi) \tag{3.2-2}$$

Kontinuitätsgleichung

$$2 f(\xi) = h'(\xi) \tag{3.2-3}$$

Die Randbedingungen lauten

$$g(0) = 0 \qquad g(1) = 1$$
$$f(0) = f(1) = 0$$
$$h(0) = h(1) = 0 \tag{3.2-4}$$

Unter der Voraussetzung, daß der überlagerte Durchfluß klein ist, so daß er die Konvektionsströmung nicht wesentlich beeinflußt, erhält man für $\mathrm{Re} \ll 1$, d. h. unter Vernachlässigung der quadratischen Terme in Re das Gleichungssystem

$$g^2(\xi) - f''(\xi) - K = 0$$
$$g''(\xi) = 0$$
$$- p'_o(\xi) + \mathrm{Re} \, h''(\xi) = 0$$
$$2 f(\xi) - h'(\xi) = 0 \tag{3.2-5}$$

Die Voraussetzung, daß der Durchfluß klein ist gegen die Konvektionsströmung, wird, wie die Gl. (3.2-2) erkennen lassen, stets erfüllt, wenn $\bar{\sigma}$ für kleine Reynoldszahlen von der Ordnung Re^2 ist. Als Lösung (Anhang 1) des Gleichungssystemes (3.2-5) ergeben sich die von SCHULTZ-GRUNOW [2] ermittelten Strömungsprofile in der folgenden Form

$$g(\xi) = \xi$$
$$f(\xi) = \frac{1}{60} \left\{ 4 \xi - 9 \xi^2 + 5 \xi^4 \right\}$$
$$h(\xi) = \frac{1}{30} \left\{ 2 \xi^2 - 3 \xi^3 + \xi^5 \right\} \tag{3.2-6}$$

Vergleicht man sie mit der exakten numerischen Lösung von LANCE und ROGERS [10], so zeigt sich, daß sie auch noch bei größeren Reynoldszahlen eine gute Näherung darstellen, die z. B. für $\mathrm{Re} = 4$ bis auf 4% mit den exakten Werten übereinstimmt (Anhang 2).

3.3 Der Erhaltungssatz für die leichte Komponente

Führt man in Gl. (3.1-5) die Molenbrüche $c_i = \dfrac{n_i}{n}$ ein und macht zudem die Zeit t mit der Einstellzeit t_0 für den Gleichgewichtszustand dimensionslos, so schreibt sich Gl. (3.1-4) in Zylinderkoordinaten, da $\mathbf{F}_1 = \mathbf{F}_2 = \mathbf{g}$ und ein Temperaturgradient nur in z-Richtung besteht unter Verwendung der Strömungsprofile nach Gl. (3.2-6) wie folgt:

$$\frac{s^2}{\nu t_0}\frac{\partial c_1 n}{\partial \tau} + \frac{1}{\eta}\frac{\partial}{\partial \eta}\,\eta\left\{c_1 n\left[-\frac{1}{\eta}\{\eta^2\,\mathrm{Re}^2\,f(\xi) + \bar{\sigma}\}\right.\right.$$

$$\left.-\frac{\varrho_2}{\varrho c_1 c_2}\frac{D_{12}}{\nu}\left(\frac{s}{r_0}\right)^2\left\{\frac{\partial c_1}{\partial \eta} + \frac{n}{\varrho}c_1 c_2 (m_2 - m_1)\frac{\partial \ln p}{\partial \eta}\right\}\right]\right\}$$

$$+\frac{\partial}{\partial \xi}\left\{c_1 n\left[\mathrm{Re}^2\,h(\xi) - \frac{\varrho_2}{\varrho c_1 c_2}\frac{D_{12}}{\nu}\left\{\frac{\partial c_1}{\partial \xi} + \frac{n}{\varrho}c_1 c_2 (m_2 - m_1)\frac{\partial \ln p}{\partial \xi}\right.\right.\right.$$

$$\left.\left.\left.- c_1 c_2 \alpha\,\frac{\partial \ln T}{\partial \xi}\right\}\right]\right\} = 0 \qquad (3.3\text{-}1)$$

Diese Gleichung gilt für konstante kinematische Zähigkeit bezogen auf eine mittlere Spalttemperatur. Da bei der Trennscheibe das Verhältnis $\dfrac{s}{r_0} \ll 1$ und da D_{12}/ν für alle Gase von der Größenordnung eins ist [11], folgt, daß Druck- und Konzentrationsdiffusion in der η-Richtung unberücksichtigt bleiben dürfen, weil sie mit dem Faktor $\left(\dfrac{s}{r_0}\right)^2$ behaftet sind. Die Größenordnung der Druckdiffusion in der ξ-Richtung ergibt sich mit Gl. (3.2-1) wegen

$$\frac{\partial \ln p}{\partial \xi} = \left(\frac{s}{r_0}\right)^2 \frac{p_0'(\xi)}{\dfrac{K}{2}\mathrm{Re}\,\eta^2 + \left(\dfrac{s}{r_0}\right)^2 p_0(\xi)} \qquad (3.3\text{-}2)$$

als direkt von der Ordnung $\left(\dfrac{s}{r_0}\right)^2$, kann also ebenfalls unberücksichtigt bleiben. Nimmt man noch an, daß die Gesamtzahl n der Moleküle pro Volumeneinheit konstant bleibt, was sicher erfüllt ist, so erhält man aus Gl. (3.3-1) die Grundgleichung der Isotopentrennung für die Trennscheibe in der Form

$$\frac{s^2}{\nu t_0}\frac{\partial c_1}{\partial \tau} - \frac{1}{\eta}\frac{\partial}{\partial \eta}\,c_1\{\eta^2\,\mathrm{Re}^2\,f(\xi) + \bar{\sigma}\} + \frac{\partial}{\partial \xi}\left\{c_1\,\mathrm{Re}^2\,h(\xi)\right.$$

$$\left.-\frac{n}{\varrho}m_2\frac{D_{12}}{\nu}\left[\frac{\partial c_1}{\partial \xi} - c_1(1-c_1)\alpha\,\frac{\partial \ln T}{\partial \xi}\right]\right\} = 0 \qquad (3.3\text{-}3)$$

3.4 Der Energiesatz für das Gasgemisch

Für das Gasgemisch lautet der Energiesatz – s. Gl. (3.1-3) – im stationären Zustand wegen $\mathbf{F}_1 = \mathbf{F}_2 = \mathbf{g}$

$$\frac{\partial}{\partial \mathbf{r}}\cdot\mathbf{q} = 0 \qquad (3.4\text{-}1)$$

Dissipativer und konvektiver Anteil sind hierbei vernachlässigt, d. h. es wurde vorausgesetzt, daß der Wärmeübergang nur durch Wärmeleitung erfolgt. Die Berechtigung zu dieser Annahme ist durch die Untersuchung von CALY [12] gegeben, der nachgewiesen hat, daß bei Verhältnissen $\frac{s}{r_0} \ll 1$ selbst für Re > 10 noch keine Abweichungen vom Fourierprofil vorhanden sind. Da ein Temperaturgradient nur in ξ-Richtung existiert, erhält man die Gleichung

$$q = -\frac{\lambda}{s} \frac{\partial T}{\partial \xi} \qquad (3.4\text{--}2)$$

und mit den Randbedingungen

$$\xi = 0 : T = T_1$$
$$\xi = 1 : T = T_0 \qquad (3.4\text{--}3)$$

folgt wegen $q = \text{const}$ und $\Delta T = T_1 - T_0$

$$\frac{\partial \ln T}{\partial \xi} = \bar{T} = -\frac{\Delta T}{T_1 \left(1 - \frac{\Delta T}{T_1} \xi\right)} \qquad (3.4\text{--}4)$$

3.5 Lösung der Transportgleichung für den stationären Zustand

Für den stationären Zustand lautet Gl. (3.3–3) wegen Gl. (3.4–4)

$$-\frac{1}{\eta} \{\eta^2 \operatorname{Re}^2 f(\xi) + \bar{\sigma}\} \frac{\partial c_1}{\partial \eta} + \operatorname{Re}^2 h(\xi) \frac{\partial c_1}{\partial \xi}$$
$$-\frac{\partial}{\partial \xi} \frac{n}{\varrho} m_2 \frac{D_{12}}{\nu} \left\{\frac{\partial c_1}{\partial \xi} - c_1 (1 - c_1) \alpha \bar{T}(\xi)\right\} = 0 \qquad (3.5\text{--}1)$$

Zur Lösung dieser partiellen Differentialgleichung wird ein Weg gewählt, wie er in ähnlicher Weise von MARTIN und KUHN [13] beim Problem der Zentrifuge eingeschlagen wurde. Er ist begründet in der Tatsache, daß der Konzentrationsgradient in der ξ-Richtung sehr klein ist und zwar von der Größenordnung der Thermodiffusion ohne Konvektionsströmung, da die Konvektionsgeschwindigkeit in der ξ-Richtung zweifellos keinen Beitrag zur Trennung in der ξ-Richtung liefern kann. Es gilt also

$$\frac{\partial c_1}{\partial \xi} \sim c_1 (1 - c_1) \alpha \bar{T}(\xi)$$

Alle Änderungen von $\frac{\partial c_1}{\partial \xi}$ und $\frac{\partial c_1}{\partial \eta}$ über die Spaltweite sind somit von höherer Ordnung klein, verglichen mit den Änderungen der Konvektionsgeschwindigkeiten über die Spaltweite.

Man erhält dann durch Integration nach ξ

$$-\frac{\partial c_1}{\partial \eta} \int \frac{1}{\eta} \{\eta^2 \operatorname{Re}^2 f(\xi) + \bar{\sigma}\} d\xi + \frac{\partial c_1}{\partial \xi} \int \operatorname{Re}^2 h(\xi) d\xi$$
$$-\frac{n m_2}{\varrho} \frac{D_{12}}{\nu} \left\{\frac{\partial c_1}{\partial \xi} - c_1 (1 - c_1) \alpha \bar{T}(\xi)\right\} = \text{const} \qquad (3.5\text{--}2)$$

Die Integrationskonstante wird null, da für $\xi = 0$ die Integrale selbst null werden und $\bar{C}_{1\xi}$, die ξ-Komponente der mittleren Molekülgeschwindigkeit der Komponente eins, an der Wand verschwindet. Damit folgt:

$$\frac{\partial c_1}{\partial \xi} = \frac{\partial c_1}{\partial \eta} \frac{\int \frac{1}{\eta} \{\eta^2 \operatorname{Re}^2 f(\xi) + \bar{\sigma}\} \cdot d\xi}{\int \operatorname{Re}^2 h(\xi) \cdot d\xi - \frac{n m_2}{\varrho} \frac{D_{12}}{\nu}}$$

$$- c_1(1-c_1) \frac{\alpha \frac{n m_2}{\varrho} \frac{D_{12}}{\nu} \bar{T}(\xi)}{\int \operatorname{Re}^2 h(\xi) \cdot d\xi - \frac{n m_2}{\varrho} \frac{D_{12}}{\nu}} \qquad (3.5\text{-}3)$$

Ferner erhält man nach Integration von Gl. (3.3–3) über den ganzen ξ-Bereich im stationären Fall

$$-\frac{1}{\eta} \frac{\partial}{\partial \eta} \int_0^1 c_1 \{\eta^2 \operatorname{Re}^2 f(\xi) + \bar{\sigma}\} d\xi$$

$$+ \left\{ c_1 \operatorname{Re}^2 h(\xi) - \frac{n m_2}{\varrho} \frac{D_{12}}{\nu} \left\{ \frac{\partial c_1}{\partial \xi} - c_1(1-c_1) \alpha \bar{T}(\xi) \right\} \right\} \Big|_0^1 = 0 \qquad (3.5\text{-}4)$$

Der zweite Term dieser Gleichung wird null, da der Teilchenfluß an den Wänden $\xi = 0$ und $\xi = 1$ verschwindet.

Der erste Term gibt nach partieller Integration

$$\frac{1}{\eta} \frac{\partial}{\partial \eta} \left\{ c_1(1,\eta) \bar{\sigma} - \int_0^1 \frac{\partial c_1}{\partial \xi} d\xi \int \{\eta^2 \operatorname{Re}^2 f(\xi) + \bar{\sigma}\} d\xi \right\} = 0 \qquad (3.5\text{-}5)$$

und da die Änderungen von c_1 über die Spaltweite klein sind, wird $c_1(1,\eta) \sim c_1(\eta)$. Damit erhält man unter Berücksichtigung von Gl. (3.5–3) die gewöhnliche Differentialgleichung

$$\frac{1}{\eta} \frac{\partial}{\partial \eta} \left[c_1 \bar{\sigma} + \frac{\partial c_1}{\partial \eta} \int_0^1 \frac{\frac{1}{\eta} \{\int [\eta^2 \operatorname{Re}^2 f(\xi) + \bar{\sigma}] d\xi\}^2}{\frac{n m_2}{\varrho} \frac{D_{12}}{\nu} - \int \operatorname{Re}^2 h(\xi) d\xi} d\xi \right.$$

$$\left. + c_1(1-c_1) \int_0^1 \frac{\{\int [\eta^2 \operatorname{Re}^2 f(\xi) + \bar{\sigma}] d\xi\} \bar{T}(\xi)}{\int \operatorname{Re}^2 h(\xi) d\xi - \frac{n m_2}{\varrho} \frac{D_{12}}{\nu}} d\xi \right] = 0 \qquad (3.5\text{-}6)$$

Mit den neuen Bezeichnungen

$$\sigma = \frac{r_0}{s} \bar{\sigma} = \frac{\sigma_0}{\varrho} \frac{1}{2\pi r_0} \frac{1}{\nu}$$

$$\overline{\operatorname{Re}}^2 = \operatorname{Re}^2 \frac{r_0}{s}$$

$$a_0 = \frac{n m_2}{\varrho} \frac{D_{12}}{\nu} \frac{r_0}{s} \qquad (3.5\text{-}7)$$

folgt daraus

$$\frac{1}{\eta}\frac{\partial}{\partial \eta}\left\{c_1 \bar{\sigma} + \frac{\partial c_1}{\partial \eta} K(\eta) + c_1(1-c_1) H(\eta)\right\} = 0 \tag{3.5-8}$$

und nach einmaliger Integration

$$c_1 \sigma + \frac{\partial c_1}{\partial \eta} K(\eta) + c_1(1-c_1) H(\eta) = \tau \tag{3.5-9}$$

Das ist die Gleichung für den Transport der leichten Komponente im Spalt der Trennscheibe bei stationären Bedingungen. Sie gleicht formal der Transportgleichung, die von FURRY, JONES und ONSAGER [14] für das Trennrohr abgeleitet wurde, jedoch mit dem wesentlichen Unterschied, daß die Ausdrücke H und K keine Konstanten, sondern Funktionen von η sind. Sie haben die Form

$$H(\eta) = \alpha a_0 \frac{\Delta T}{T_1} \{\sigma h_0 + \overline{\mathrm{Re}}^2 h_1 \eta^2\}$$

$$K(\eta) = \frac{1}{\eta}\{\sigma^2 k_0 + \sigma \overline{\mathrm{Re}}^2 k_1 \eta^2 + \overline{\mathrm{Re}}^4 k_2 \eta^4\} \tag{3.5-10}$$

und ihre Koeffizienten sind die folgenden Integrale

$$h_0 = \int_0^1 \frac{\xi \, d\xi}{\left(1 - \frac{\Delta T}{T_1}\xi\right)\{a_0 - \overline{\mathrm{Re}}^2 \int h(\xi) \cdot d\xi\}} = h_0\left(\frac{\Delta T}{T_1}, \overline{\mathrm{Re}}^2, a_0\right)$$

$$h_1 = \int_0^1 \frac{\left\{\frac{1}{30}\xi^2 - \frac{1}{20}\xi^3 + \frac{1}{60}\xi^5\right\} d\xi}{\left(1 - \frac{\Delta T}{T_1}\xi\right)\{a_0 - \overline{\mathrm{Re}}^2 \int h(\xi) \cdot d\xi\}} = h_1\left(\frac{\Delta T}{T_1}, \overline{\mathrm{Re}}^2, a_0\right)$$

$$k_0 = \int_0^1 \frac{\xi^2 \, d\xi}{a_0 - \overline{\mathrm{Re}}^2 \int h(\xi) \cdot d\xi} = k_0(\overline{\mathrm{Re}}^2, a_0)$$

$$k_1 = \int_0^1 \frac{\left\{\frac{1}{15}\xi^3 - \frac{1}{10}\xi^4 + \frac{1}{30}\xi^6\right\} d\xi}{a_0 - \overline{\mathrm{Re}}^2 \int h(\xi) \cdot d\xi} = k_1(\overline{\mathrm{Re}}^2, a_0)$$

$$k_2 = \int_0^1 \frac{\left\{\frac{1}{900}\xi^4 - \frac{1}{300}\xi^5 + \frac{1}{400}\xi^6 + \frac{1}{900}\xi^7 - \frac{1}{600}\xi^8 + \frac{1}{3600}\xi^{10}\right\} d\xi}{a_0 - \overline{\mathrm{Re}}^2 \int h(\xi) \cdot d\xi}$$

$$= k_2(\overline{\mathrm{Re}}^2, a_0) \tag{3.5-11}$$

Sie sind noch Funktionen der Parameter $\overline{\mathrm{Re}}^2$, $\frac{\Delta T}{T_1}$ und a_0.

Mit der Randbedingung, daß bei $\eta = 0$ die Konzentration der leichten Komponente einen bestimmten Wert c_{11} annimmt, folgt für die Integrationskonstante aus Gl. (3.5-9)

$$\tau = c_{11}\sigma \tag{3.5-12}$$

3.5.1 Der Fall $c_1 \ll 1$

Dieser Fall entspricht der Trennung von Isotopen, da deren natürliche Konzentration in den meisten Fällen äußerst gering ist.
Gl. (3.5-9) lautet dann

$$\frac{\partial c_1}{\partial \eta} + \frac{\sigma + H(\eta)}{K(\eta)} c_1 = c_{11} \frac{\sigma}{K(\eta)} \qquad (3.5.1\text{-}1)$$

und hat nach Einführung der Substitution $c = c_1 - c_{11}$ die Lösung

$$c = \{-c_{11} S(\eta) + \varkappa\} e^{-\varepsilon(\eta)} \qquad (3.5.1\text{-}2)$$

mit

$$\varepsilon(\eta) = \int \frac{\sigma + H(\eta)}{K(\eta)} d\eta \qquad (3.5.1\text{-}3)$$

und

$$S(\eta) = \int \frac{H(\eta)}{K(\eta)} e^{\int \frac{\sigma + H(\eta)}{K(\eta)} d\eta} d\eta \qquad (3.5.1\text{-}4)$$

Unter der Annahme, daß am Rand der Scheibe stets die Ausgangskonzentration aufrechterhalten wird, also mit der Randbedingung

$$\eta = 1 : c = c_{10} - c_{11} \qquad (3.5.1\text{-}5)$$

folgt für die Integrationskonstante

$$\varkappa = (c_{10} - c_{11}) e^{\varepsilon(1)} + c_{11} S(1)$$

Da die leichte Komponente stets in der Nähe der Rotationsachse angereichert und entnommen wird, interessiert zunächst der Wert für c_1 an der Stelle $\eta = 0$, also

$$c_{11} = \frac{c_{10}}{1 - \Phi} \qquad (3.5.1\text{-}6)$$

mit

$$\Phi = \{S(1) - S(0)\} e^{-\varepsilon(1)} = \int_0^1 \frac{H(\eta)}{K(\eta)} e^{-\{\varepsilon(1) - \varepsilon(\eta)\}} d\eta \qquad (3.5.1\text{-}7)$$

Der Ausdruck für den ganzen η-Bereich lautet

$$c_1(\eta) = c_{10} \frac{1 - \{S(\eta) - S(0)\} e^{-\varepsilon(\eta)}}{1 - \{S(1) - S(0)\} e^{-\varepsilon(1)}} \qquad (3.5.1\text{-}8)$$

Für den Anreicherungsfaktor q, der definiert ist als Quotient der Verhältnisse der Molenbrüche der beiden Komponenten nach der Trennung und vor der Trennung erhält man damit

$$q = \frac{c_{11}(1 - c_{10})}{(1 - c_{11}) c_{10}} = \frac{1 - c_{10}}{1 - c_{10} - \Phi} \qquad (3.5.1\text{-}9)$$

Näherungsweise gilt auch wegen $c_{10} \ll 1$ und wenn die Anreicherungen im kontinuierlichen Verfahren nicht sehr groß werden

$$q \approx \frac{c_{11}}{c_{10}} = \frac{1}{1 - \Phi} \qquad (3.5.1\text{-}10)$$

und für $\Phi \ll 1$

$$q \approx 1 + \Phi \qquad (3.5.1\text{-}11)$$

Die Funktion Φ, welche in dieser Form den als $q-1$ definierten Elementareffekt der Anreicherung darstellt, erklärt den gesamten Trennvorgang in der Trennscheibe in Abhängigkeit von den Parametern α, a_0, $\dfrac{\Delta T}{T_1}$, σ und $\overline{\text{Re}}$. Es ist zweckmäßig, hier die Funktionen $H(\eta)$ und $K(\eta)$ einzusetzen. Man erhält dann einen Ausdruck der Form

$$\Phi = \alpha a_0 \frac{\Delta T}{T_1} \Phi^*\left(\alpha, a_0, \frac{\Delta T}{T_1}, \sigma, \overline{\text{Re}}\right) \qquad (3.5.1\text{-}12)$$

an dem man sehen kann, daß die Trennung in erster Näherung dem Thermodiffusionsfaktor proportional ist und, da $a_0 \cdot \dfrac{\Delta T}{T_1} \sim \dfrac{\Delta T}{s}$ mit wachsendem Temperaturgradienten, wie auch zu erwarten ist, zunimmt.

3.5.1.1 Diskussion einiger Extremfälle

Für $\overline{\text{Re}} \to 0$, d. h. bei nichtrotierender Scheibe ergibt sich wegen

$$K = \frac{1}{\eta} \frac{\sigma^2}{3 a_0}$$

und

$$H = \alpha \sigma \bar{b}_0$$

mit

$$\bar{b}_0 = -\left\{1 + \frac{T_1}{\Delta T} \ln\left(1 - \frac{\Delta T}{T_1}\right)\right\}$$

$$\Phi = \int_0^1 \frac{\alpha \, 3 \, a_0 \, \bar{b}_0}{\sigma} e^{-\frac{3}{2} \frac{a_0}{\sigma}(1 + \alpha \bar{b}_0)(1 + \eta^2)} \cdot \eta \, d\eta \qquad (3.5.1.1\text{-}1)$$

Dieses Integral läßt sich geschlossen lösen und man erhält

$$\Phi = \frac{\alpha \bar{b}_0}{1 + \alpha \bar{b}_0}\left\{1 - e^{-\frac{3}{2}\frac{a_0}{\sigma}(1 + \alpha \bar{b}_0)}\right\} \qquad (3.5.1.1\text{-}2)$$

Da a_0 wegen des Verhältnisses von Radius zu Spaltweite in allen betrachteten Fällen von der Größenordnung 10^2 ist und stets $\sigma \ll 1$ folgt

$$\Phi = \frac{\alpha \bar{b}_0}{1 + \alpha \bar{b}_0} \qquad (3.5.1.1\text{-}3)$$

und für kleine Werte von $\bar{b}_0$, was geringen Temperaturdifferenzen entspricht

$$q \approx 1 + \alpha \frac{\Delta T}{2 T_1} \qquad (3.5.1.1\text{-}4)$$

Obwohl für $\overline{\text{Re}} \to 0$ die Voraussetzung, daß der Durchfluß σ klein sein soll gegen die Strömungsgeschwindigkeit nicht mehr erfüllt ist, da jetzt der Durchfluß allein die Strömung in der Scheibe bestimmt, strebt die Lösung für $\overline{\text{Re}} \to 0$ einem Wert zu, der von der gleichen Ordnung ist wie die Trennung, die sich auf Grund des Temperaturgradienten allein, also für $\sigma = 0$ und $\overline{\text{Re}} = 0$ ergibt. Dann lautet die Differentialgleichung (3.5-1)

$$\frac{\partial}{\partial \xi} a_0 \left\{ \frac{\partial c_1}{\partial \xi} - c_1(1-c_1) \alpha \bar{T}(\xi) \right\} = 0 \qquad (3.5.1.1\text{-}5)$$

und als Lösung folgt (s. Anhang 3)

$$q = \left[1 - \frac{\Delta T}{T_1} \right]^{-\alpha} \qquad (3.5.1.1\text{-}6)$$

sowie für geringe Temperaturdifferenzen

$$q \approx 1 + \alpha \frac{\Delta T}{T_1} \qquad (3.5.1.1\text{-}7)$$

Für den Fall $\sigma = 0$, $\overline{\text{Re}} \neq 0$ erhält man im stationären Zustand die Differentialgleichung

$$\frac{\partial c_1}{\partial \eta} + \frac{H(\eta)}{K(\eta)} c_1(1-c_1) = 0 \qquad (3.5.1.1\text{-}8)$$

mit den Werten

$$H(\eta) = \alpha a_0 \frac{\Delta T}{T_1} \overline{\text{Re}}^2 b_1 \eta^2$$

und

$$K(\eta) = \overline{\text{Re}}^4 k_2 \eta^3 \qquad (3.5.1.1\text{-}9)$$

Sie hat die Lösung

$$\frac{c_1}{1-c_1} = A e^{-\varkappa \ln \eta} \qquad (3.5.1.1\text{-}10)$$

An der Stelle $\eta = 1$ ist jetzt zu fordern, daß die Konzentration einen bestimmten Gleichgewichtswert c_{00} annimmt. Dann erhält man für den Anreicherungsfaktor den Wert

$$q(\eta) = e^{-\varkappa \ln \eta} \qquad (3.5.1.1\text{-}11)$$

mit

$$\varkappa = \frac{\alpha \, a_0 \dfrac{\Delta T}{T_1} b_1}{\overline{\text{Re}}^2 k_2}$$

Für $\eta = 0$ strebt diese Lösung gegen ∞. In unmittelbarer Nähe dieser Singularität erhält man jedoch Anreicherungen, die z. B. bei $\eta = 0{,}1$ von der gleichen Größenordnung sind wie die Gleichgewichtsanreicherungsfaktoren beim Trennrohr. Voraussetzung für die Verwirklichung der angenommenen Randbedingungen ist dabei die Anbringung von Reservoiren bei $\eta = 1$ und $\eta = 0$.

3.5.2 Die allgemeine Lösung

Eine im ganzen Konzentrationsbereich gültige Lösung erhält man durch Linearisierung der Gl. (3.5-9), indem man die Funktion $c_1(1-c_1)$ durch ihre Tangente im Punkte c_{10}, dem Punkt des ungetrennten Ausgangsgemisches ersetzt. Das ist ohne weiteres möglich, da bei kontinuierlicher Entnahme, d. h. bei $\sigma \neq 0$, die Konzentrationsänderungen nicht sehr groß werden.

Mit
$$f(c_1) = c_1(1 - c_1) \approx c_{10}^2 + (1 - 2\,c_{10})\,c_1 \qquad (3.5.2\text{--}1)$$

folgt dann für die Differentialgleichung

$$\frac{\partial c_1}{\partial \eta} + \frac{\sigma + (1 - 2\,c_{10})\,H(\eta)}{K(\eta)} c_1 = \frac{c_{11}\sigma - c_{10}^2\,H(\eta)}{K(\eta)} \qquad (3.5.2\text{--}2)$$

Die Lösung lautet bei den gleichen Randbedingungen wie oben

$$c_{11} = c_{10}\,\frac{1 + c_{10}\,\bar{\Phi}}{1 - (1 - 2\,c_{10})\,\bar{\Phi}} \qquad (3.5.2\text{--}3)$$

mit

$$\bar{\Phi} = \int_0^1 \frac{H(\eta)}{K(\eta)}\,e^{-\{\bar{\varepsilon}(1) - \bar{\varepsilon}(\eta)\}}\,d\eta \qquad (3.5.2\text{--}4)$$

und

$$\bar{\varepsilon}(\eta) = \int \frac{\sigma + (1 - 2\,c_{10})\,H(\eta)}{K(\eta)}\,d\eta \qquad (3.5.2\text{--}5)$$

Für den Anreicherungsfaktor ergibt sich die Beziehung

$$q = \frac{(1 - c_{10})(1 + c_{10}\,\bar{\Phi})}{1 - (1 - 2\,c_{10})\bar{\Phi} - c_{10}(1 + c_{10}\bar{\Phi})} \qquad (3.5.2\text{--}6)$$

welche im Falle $c_{10} \ll 1$ wegen $\bar{\varepsilon}(\eta) \to \varepsilon(\eta)$ und $\bar{\Phi} \to \Phi$ in den früheren Fall (s. Abschnitt 3.5.1) übergeht.

3.6 Der Erhaltungssatz für die schwere Komponente

Für die schwere Komponente, die im folgenden mit dem Index 2 bezeichnet wird, gilt der Erhaltungssatz

$$\frac{\partial n_2}{\partial t} + \frac{\partial}{\partial \mathbf{r}} \cdot n_2(\mathbf{c}_0 + \bar{\mathbf{C}}_2) = 0 \qquad (3.6\text{--}1)$$

In gleicher Weise und mit den gleichen Bezeichnungen wie in Abschnitt 3.3 folgt daraus die Grundgleichung der Isotopentrennung für die schwere Komponente in dimensionsloser Schreibweise.

$$\frac{s^2}{v t_0}\frac{\partial c_2}{\partial \tau} - \frac{1}{\eta}\frac{\partial}{\partial \eta} c_2\{\eta^2\,\mathrm{Re}^2\,f(\xi) + \bar{\sigma}\} + \frac{\partial}{\partial \xi}\Big\{c_2\,\mathrm{Re}^2\,b(\xi)$$
$$- \frac{n m_1}{\varrho}\frac{D_{21}}{v}\Big[\frac{\partial c_2}{\partial \xi} + c_2(1 - c_2)\,\alpha\,\frac{\partial \ln T}{\partial \xi}\Big]\Big\} = 0 \qquad (3.6\text{--}2)$$

Hier ist der Thermodiffusionsfaktor α für die schwere Komponente positiv definiert, und für den Koeffizienten der Konzentrationsdiffusion gilt $D_{21} = D_{12}$.

3.6.1 Lösung der Transportgleichung der schweren Komponente für den stationären Zustand

Bei dem vorausgesetzten Temperaturgradienten (s. Abb. 1) reichert sich, wie anfangs schon bemerkt wurde, die schwere Komponente auf dem Umfang der Scheibe an.

Daher wird jetzt der Radialkomponente der Strömungsgeschwindigkeit ein konstanter Massenfluß σ_0 in der positiven η-Richtung überlagert, d. h. $\bar{\sigma} = -\sigma \dfrac{s}{r_0}$. Die Lösung der Differentialgleichung erfolgt dann unter den gleichen Voraussetzungen, wie sie in Abschnitt 3.5 für die leichte Komponente gemacht wurden. Gl. (3.6-2) läßt sich dadurch wieder in eine gewöhnliche Differentialgleichung verwandeln und lautet

$$\frac{1}{\eta}\frac{\partial}{\partial \eta}\left\{-c_2\sigma + \frac{\partial c_2}{\partial \eta}K_2(\eta) - c_2(1-c_2)H_2(\eta)\right\} = 0 \qquad (3.6.1\text{--}1)$$

mit

$$H_2(\eta) = -\alpha a_0 \frac{\Delta T}{T_1}\sigma h_0 + \alpha a_0 \frac{\Delta T}{T_1}\overline{\mathrm{Re}}^2 h_1 \eta^2$$

und

$$K_2(\eta) = \frac{1}{\eta}\left\{\sigma^2 k_0 - \sigma \overline{\mathrm{Re}}^2 k_1 \eta^2 + \overline{\mathrm{Re}}^4 k_2 \eta^4\right\} \qquad (3.6.1\text{--}2)$$

Die Konstanten h_0, h_1, k_0, k_1 und k_2 sind die gleichen wie in Abschnitt 3.5. Die Randbedingungen lassen sich so formulieren, daß jetzt an der Stelle $\eta = 1$ die schwere Komponente mit der Konzentration c_{22} entnommen wird, während an einer Stelle $\eta = \eta_0$ auf dem Radius die Ausgangskonzentration c_{20} aufrechterhalten wird. Nach einmaliger Integration ergibt sich die Transportgleichung für die schwere Komponente:

$$-c_2\sigma + \frac{\partial c_2}{\partial \eta}K_2(\eta) - c_2(1-c_2)H_2(\eta) = \tau_2 \qquad (3.6.1\text{--}3)$$

Die Integrationskonstante τ_2 hat wegen der Randbedingung

$$\eta = 1 : c_2 = c_{22} \qquad (3.6.1\text{--}4)$$

den Wert

$$\tau_2 = -c_{22}\sigma \qquad (3.6.1\text{--}5)$$

3.6.2 Der Fall $c_2 \ll 1$

Für den Fall sehr kleiner Konzentrationen c_2 erhält man die Differentialgleichung

$$\frac{\partial c_2}{\partial \eta} - \frac{\sigma + H_2(\eta)}{K_2(\eta)} \cdot c_2 = -c_{22}\frac{\sigma}{K_2(\eta)} \qquad (3.6.2\text{--}1)$$

und die Lösung lautet

$$c_{22} = \frac{c_{20}}{1-\Phi_2} \qquad (3.6.2\text{--}2)$$

bzw. für den Anreicherungsfaktor

$$q_2 = \frac{1-c_{20}}{1-c_{20}-\Phi_2} \qquad (3.6.2\text{--}3)$$

Darin hat Φ_2 die folgende Bedeutung:

$$\Phi_2 = \{S_2(1) - S_2(\eta_0)\} e^{\varepsilon_2(\eta_0)}$$

$$= \int_{\eta_0}^{1} \frac{H_2(\eta)}{K_2(\eta)} e^{-\{\varepsilon_2(\eta) - \varepsilon_2(\eta_0)\}} d\eta \qquad (3.6.2\text{--}4)$$

mit

$$\varepsilon_2(\eta) = \int \frac{\sigma + H_2(\eta)}{K_2(\eta)}\, d\eta \qquad (3.6.2\text{-}5)$$

Die Lösung für den ganzen η-Bereich lautet danach

$$c_2(\eta) = c_{20}\, \frac{1 - \{S_2(1) - S_2(\eta)\}\, e^{\varepsilon_2(\eta)}}{1 - \{S_2(1) - S_2(\eta_0)\}\, e^{\varepsilon_2(\eta_0)}} \qquad (3.6.2\text{-}6)$$

Die Diskussion der Extremfälle, wie sie in Abschnitt 3.5.1.1 für die leichte Komponente vorgenommen wurde, kann in entsprechender Weise für den Anreicherungsfaktor der schweren Komponente erfolgen. Sie führt zu den, den Gl. (3.5.1.1-4) und (3.5.1.1-11) entsprechenden Beziehungen für die schwere Komponente.

3.6.3 Die allgemeine Lösung

Eine im ganzen Konzentrationsbereich gültige Lösung erhält man wieder durch Linearisierung der Gl. (3.6.1-3). Setzt man

$$f(c_2) = c_2(1 - c_2) \approx c_{20}^2 + (1 - 2\, c_{20})\, c_2 \qquad (3.6.3\text{-}1)$$

das heißt, ersetzt man die Funktion $f(c_2)$ wieder durch ihre Tangenten im Punkte der Ausgangskonzentration, so lautet die Differentialgleichung

$$\frac{\partial c_2}{\partial \eta} - \frac{\sigma + (1 - 2\, c_{20})\, H_2(\eta)}{K_2(\eta)}\, c_2 = -\frac{c_{22}\sigma - c_{20}^2 H(\eta)}{K_2(\eta)} \qquad (3.6.3\text{-}2)$$

und ihre Lösung bei den gleichen Randbedingungen wie oben

$$c_{22} = c_{20}\, \frac{1 + c_{20}\bar{\Phi}_2}{1 - (1 - 2\, c_{20})\bar{\Phi}_2} \qquad (3.6.3\text{-}3)$$

mit

$$\bar{\Phi}_2 = \{\bar{S}_2(1) - \bar{S}_2(\eta_0)\}\, e^{\bar{\varepsilon}_2(\eta_0)} = \int_{\eta_0}^{1} \frac{H_2(\eta)}{K_2(\eta)}\, e^{-\{\bar{\varepsilon}_2(\eta) - \bar{\varepsilon}_2(\eta_0)\}}\, d\eta \qquad (3.6.3\text{-}4)$$

und

$$\bar{\varepsilon}_2(\eta) = \int \frac{\sigma + (1 - 2\, c_{20})\, H_2(\eta)}{K_2(\eta)}\, d\eta \qquad (3.6.3\text{-}5)$$

Für den Anreicherungsfaktor ergibt sich jetzt die Beziehung

$$q_2 = \frac{(1 - c_{20})\,[1 + c_{20}\bar{\Phi}_2]}{1 - (1 - 2\, c_{20})\bar{\Phi}_2 - c_{20}\,[1 + c_{20}\bar{\Phi}_2]} \qquad (3.6.3\text{-}6)$$

Sie geht für $c_{20} \ll 1$ wegen $\bar{\varepsilon}_2(\eta) \to \varepsilon_2(\eta)$ und $\bar{\Phi}_2 \to \Phi_2$ wieder in den Fall sehr kleiner Ausgangskonzentrationen über.

3.7 Ergebnisse der Theorie

Es wurde bereits in Abschnitt 3.3 bemerkt, daß die Druckdiffusion für den Anreicherungsvorgang in der Trennscheibe ohne Einfluß ist, da das Verhältnis der Spaltweite s zum Radius r_0 sehr viel kleiner ist als 1. Aus dem gleichen Grunde tritt auch keine Rückdiffusion in der η-Richtung auf, selbst dann nicht, wenn die Konzentrationsänderungen über den Radius sehr groß werden, was – wie in Abschnitt 3.5.1.1 gezeigt wurde – der Fall ist, wenn der Durchfluß σ gegen null geht. Das ist ein wesentlicher Vorteil gegenüber dem Trennrohrverfahren von CLUSIUS und DICKEL [9], bei dem die Anreicherung durch Rückdiffusion in der Längsrichtung zum Teil beträchtlich beeinflußt wird.

Um die Abhängigkeit des Anreicherungsfaktors von den Parametern $\overline{Re}$, σ, $\frac{\Delta T}{T_1}$, a_0, α und den Ausgangskonzentrationen c_{10}, c_{20} zu ermitteln, ist es erforderlich, die Integrale Φ, $\bar{\Phi}$, Φ_2 und $\bar{\Phi}_2$ zu kennen. Da sie sich nicht geschlossen lösen lassen, erfolgte ihre Berechnung mit Hilfe einer elektronischen Rechenanlage. Hierbei ergab sich eine wesentliche Vereinfachung dadurch, daß sich die Integrale $\varepsilon(\eta)$, $\bar{\varepsilon}(\eta)$, $\varepsilon_2(\eta)$ und $\bar{\varepsilon}_2(\eta)$ geschlossen angeben lassen. Für den Fall kleiner Ausgangskonzentrationen der leichten Komponente erhält man z. B. das Integral

$$\varepsilon(\eta) = \int \frac{\sigma + \alpha a_0 \frac{\Delta T}{T_1} \sigma b_0 + \alpha a_0 \frac{\Delta T}{T_1} \overline{Re}^2 b_1 \eta^2}{\sigma^2 k_0 + \sigma \overline{Re}^2 k_1 \eta^2 + \overline{Re}^4 k_2 \eta^4} \eta \, d\eta \tag{3.7-1}$$

Da in allen im Untersuchungsbereich liegenden Fällen der Ausdruck $4 k_0 \cdot k_2 - k_1^2$ stets positiv ist, hat die Lösung die Form

$$\varepsilon(\eta) = \varkappa_0 \operatorname{arc\,tg} F(\eta) + \varkappa_1 \ln K(\eta) \tag{3.7-2}$$

mit

$$\varkappa_0 = \frac{\left(1 + \alpha a_0 \frac{\Delta T}{T_1}\right) 2 k_2 - \alpha a_0 \frac{\Delta T}{T_1} b_1 k_1}{2 k_2 \overline{Re}^2 \sqrt{4 k_0 k_2 - k_1^2}}$$

$$\varkappa_1 = \frac{\alpha a_0 \frac{\Delta T}{T_1} b_1}{4 k_2 \overline{Re}^2}$$

und

$$F(\eta) = \frac{\sigma k_1 + 2 k_2 \overline{Re}^2 \eta^2}{\sigma \sqrt{4 k_0 k_2 - k_1^2}} \tag{3.7-3}$$

Es läßt sich leicht nachprüfen, daß auch die Integrale $\bar{\varepsilon}(\eta)$, $\varepsilon_2(\eta)$ und $\bar{\varepsilon}_2(\eta)$ vom gleichen Typ sind wie der Ausdruck (3.7-2). Die Berechnung der Φ-Integrale führt zu den folgenden Ergebnissen für die Anreicherungsfaktoren, wobei für die leichte Komponente stets angenommen ist, daß am Umfang die Ausgangskonzentration c_{10} aufrechterhalten wird und die Entnahme in der Mitte erfolgt, also die Randbedingungen

$$\eta = 1 : c_1 = c_{10}$$
$$\eta = 0 : c_1 = c_{11}$$

erfüllt sind.

Abb. 2 zeigt die Abhängigkeit des Anreicherungsfaktors der leichten Komponente von $\overline{Re}$, d. h. von $Re \sqrt{\frac{r_0}{s}}$, für den Fall sehr kleiner Ausgangskonzentrationen. Dieser Abhängigkeit kommt besondere Bedeutung zu, da sie einen Extremwert hat, der zudem für alle Verhältnisse $\frac{r_0}{s}$ praktisch an der gleichen Stelle zwischen

$$30 < \overline{Re} < 35$$

liegt. Für ein bestimmtes Isotopengemisch bedeutet die Variation von a_0 eine Änderung des Verhältnisses von Spalt zu Radius. Die Anreicherung wird also mit abnehmendem Verhältnis $\frac{s}{r_0}$ größer. Der in Abb. 2 angegebenen Variation von a_0 entspricht z. B. bei einer Scheibe vom Radius $r_0 = 25$ cm und einem Isotopengemisch $^{36}A/^{40}A$ mit $\frac{D_{12}}{\nu} = 1{,}34$ und da bei Isotopengemischen stets $\frac{n m_2}{\varrho} \approx 1$, eine Spaltänderung von 1 mm auf 2 mm.

Die Trennung hängt also sehr stark von der Spaltweite ab. Die Ausbildung eines Extremwertes ist dadurch bedingt, daß mit zunehmender Reynoldszahl die radiale Geschwindigkeitskomponente u der erzwungenen Konvektion gegenüber der Geschwindigkeit, mit welcher der Thermodiffusionsprozeß abläuft, immer größer wird, so daß der Thermodiffusionseffekt nicht mehr voll zur Wirkung kommt. Die Axialkomponente w der erzwungenen Konvektion ist hierfür, wie überhaupt für den ganzen Trennvorgang unmittelbar nicht von Bedeutung und dient nur der Erhaltung des Gesamtmassenflusses. Vernachlässigt man nämlich die Axialkomponente, indem man in Gl. (3.5-1) den Ausdruck $h(\xi)$ wegläßt, so ändern sich zwar die Werte der Koeffizienten h_i und k_i der Gl. (3.5-11), der Wert des Anreicherungsfaktors bleibt jedoch ungeändert, wie sich aus Abb. 3 ergibt.

Die Abhängigkeit des Anreicherungsfaktors q vom Durchfluß σ zeigt Abb. 4. Sie wurde für die Werte $\overline{Re} = 30$ und $\overline{Re} = 40$ berechnet, wobei $\overline{Re} = 30$ vor und $\overline{Re} = 40$ hinter dem Extremwert der Anreicherung liegt. Die Kurve $\overline{Re} = 30$ ergibt für kleine σ-Werte eine etwas bessere Anreicherung als die Kurve $\overline{Re} = 40$, während mit wachsendem Durchfluß die Anreicherung bei etwas größeren $\overline{Re}$-Zahlen günstiger verläuft. Es zeigt sich hier die Beeinflussung der Strömungsgeschwindigkeit durch den überlagerten Durchfluß, die in Abschnitt 3.2 als klein vernachlässigt wurde. Sie ist bei großem Durchfluß um so geringer, je größer die Drehzahl ist, wie man an dem besseren Anreicherungsfaktor für $\overline{Re} = 40$ sieht. Für $\sigma \to 0$ geht $q \to \infty$ wie in Abschnitt 3.5.1.1 nachgewiesen wurde.

Um die Abhängigkeit vom Thermodiffusionsfaktor α zu ermitteln, ist es zweckmäßig, die Funktion Φ in der Form 3.5.1–12 zu betrachten. Ihre Berechnung erfolgte für Werte von α zwischen 0,004 und 0,036. In diesem Bereich liegen die Thermodiffusionsfaktoren aller hier interessierenden Gas- und Isotopengemische. Wie aus den Abb. 5 und 6 ersichtlich ist, sind Φ und q nahezu proportional α, da Φ^*, definiert durch Gl. (3.5.1.–12), nur noch wenig von α abhängt.

Für ein N_2/O_2 Gasgemisch mit der Ausgangskonzentration $c_{10} = 0{,}8$, dem Thermodiffusionsfaktor $\alpha = 0{,}021$ und einem Verhältnis $D_{12}/\nu = 1{,}4$ ist die Abhängigkeit des Anreicherungsfaktors q von $\overline{Re}$ für verschiedene Temperaturdifferenzen im Spalt in den Abb. 7 und 8 dargestellt. Sie wurde berechnet auf Grund der für den ganzen Konzentrationsbereich gültigen Lösung, Gl. (3.5.2–6). Die Abhängigkeit von der Ausgangskonzentration zeigt Abb. 9. Mit wachsendem c_{10} ergibt sich hier ein leichter Anstieg des Anreicherungsfaktors q.

Die Abhängigkeit des Anreicherungsfaktors q von $\overline{Re}$ für verschiedene Werte a_0 ist in Abb. 10 dargestellt. Die Maxima der Anreicherung liegen wieder wie im Bereich geringer Ausgangskonzentrationen (s. Abb. 2) zwischen $30 < \overline{Re} < 35$. Auf Grund des größeren Thermodiffusionsfaktors liegen ihre Absolutwerte jedoch höher als bei Argon. Die Abhängigkeit vom Durchfluß σ, welche in Abb. 11 gezeigt ist, hat einen ganz ähnlichen Verlauf wie bei sehr kleinen Ausgangskonzentrationen.

Bei der Anreicherung der schweren Komponente sind nach Abschnitt 3.6 analoge Abhängigkeiten zu erwarten, wie sie für die leichte Komponente ermittelt wurden, wobei jedoch der Betrag der Anreicherung wegen der unterschiedlichen Randbedingung verschieden sein wird. Für ein kontinuierliches Trennverfahren ist es im allgemeinen wichtig, beide Komponenten mit einem bestimmten Faktor anzureichern. Dazu müssen die Randbedingungen so gewählt werden, daß das ungetrennte Ausgangsgemisch an einer bestimmten Stelle η_0 zugeführt wird. Für den Fall $\eta_0 = 0{,}5$ wurde die Berechnung für die schwere Komponente in Abhängigkeit von $\overline{\mathrm{Re}}$ durchgeführt. Wie Abb. 12 zeigt, ergibt sich auch für die schwere Komponente wieder ein ausgeprägtes Maximum.

Die Theorie gestattet damit die Berechnung der Anreicherungen beider Komponenten eines gegebenen Gasgemisches mit beliebigen Ausgangskonzentrationen und Randbedingungen in Abhängigkeit von allen Parametern.

4. Experimentelle Untersuchungen an der konischen Scheibe

Die ersten experimentellen Versuche zur Trennung von Gasgemischen mit einer rotierenden Scheibe wurden von SCHULTZ-GRUNOW [1] mitgeteilt und führten bereits zu einigen wichtigen Ergebnissen, wie z. B. dem Nachweis, daß der Anreicherungsfaktor in Abhängigkeit von der Drehzahl ein Maximum hat. Unter Verwendung dieser Ergebnisse wurde die folgende Versuchsanordnung entwickelt.

4.1 Die Versuchsanordnung

Sie bestand aus einer rotierenden Scheibe vom Radius $r_0 = 25$ cm in einem engen Gehäuse, wie sie in Abb. 13 skizziert ist. Der Öffnungswinkel β des Konus war auf beiden Seiten gleich groß und betrug 159°. Die Scheibe wurde mit Wasser von ca. 20° C von innen gekühlt, während das Gehäuse in einem Temperaturbad aus geschmolzenem Salz von außen beheizt wurde. Der Wasserdurchsatz betrug bei symmetrischer Spalteinstellung im Mittel 1300 l/h, wobei die Temperaturdifferenz zwischen ein- und austretendem Fluß stets kleiner als 2° C war. Die Temperaturdifferenz im Spalt zwischen Scheibe und Gehäuse betrug in den meisten Fällen 232° C. Eine Anordnung von Eisen-Konstantan-Thermoelementen, von denen vier in der rotierenden Scheibe und eine entsprechende Anzahl im Gehäuse untergebracht waren, diente ihrer laufenden Kontrolle. Die Anzeige über ein Kompensationsschreibgerät ergab Schwankungen der Temperaturdifferenz von weniger als $\pm 3°$ C während der jeweiligen Versuchsdauer. Die Spaltweite zwischen Scheibe und Gehäuse war von außen verstellbar. Ihre Einstellung erfolgte über Kontermuttern mit Mikrometerteilung am oberen Kugellager und wurde stets im beheizten Zustand vorgenommen. Die gesamte Spaltweite an Ober- und Unterseite betrug zusammen 2,3 mm. Das größte Verhältnis von Spalt zu Radius war damit kleiner als 0,01. Die größte Drehzahl lag unter 600 U/min. Das entspricht einer Reynoldszahl Re $= 2 \cdot 10^4$, wenn sie mit dem Radius gebildet wird. Damit war sichergestellt, daß alle Versuche in einem Bereich lagen, in dem das Strömungsprofil in radialer Richtung S-förmig verläuft, also keine getrennten Grenzschichten vorhanden sind und die Strömung stets laminar ist. Nach den Untersuchungen von DAILY und NECE [15] tritt ein Umschlag der Strömungsprofile in getrennte Grenzschichten für ein Verhältnis von Spalt zu Radius von 0,01 erst bei Re $\approx 6 \cdot 10^4$ auf. Um die Abhängigkeit der Anreicherung vom Ort der Zuführung und Entnahme untersuchen zu können, waren an Ober- und Unterseite des Gehäuses insgesamt 21 Zuführungs- bzw. Entnahmestellen angebracht.

4.2 Durchführung der Versuche

Der größte Teil der Untersuchungen wurde mit trockener Luft durchgeführt, was den Vorteil hatte, daß die Ausgangskonzentration des Sauerstoffs bei allen Versuchen nahezu konstant war. Da die relative Massendifferenz zwischen N_2 und O_2 sehr gering ist, liefern die gewonnenen Meßergebnisse einen Anhaltspunkt für die Trennbarkeit von Isotopengemischen. Die Gasanalyse erfolgte im Durchflußverfahren mit einem Meßgerät der Firma Beckmann Istr. Inc., welches den Partialdruck des Sauerstoffs über die Messung der magnetischen Suszeptibilität mittels einer magnetischen Torsionswaage bestimmt. Es handelte sich um eine Spezialausführung mit den 5 Meßbereichen 0–10%, 10–20%, 20–30%, 30–40% und 0–100%. Die Meßgenauigkeit betrug $\pm 0,5\%$ vom jeweiligen vollen Skalenausschlag. Die Meßzelle war in einen Thermostaten eingebaut, und ein Teil des vorbeiströmenden Gasgemisches gelangte durch Diffusion in die Meßzelle. Die Ansprechzeit betrug weniger als 60 sec und blieb damit weit unter der Einstellzeit des stationären Zustandes in der Scheibe, die in der Größenordnung von 1 h lag. Die Anreicherungsfaktoren der Isotope ^{36}A, ^{38}A, ^{18}O, ^{17}O und ^{13}C wurden massenspektrometrisch von der Physikalisch-Technischen Bundesanstalt in Braunschweig ermittelt. Die Messung der Durchflußmengen erfolgte mit geeichten Rotamessern und war bis 0,2 l/h herab möglich. Bei einem Teil der Versuche wurden die Anreicherungen an Ober- und Unterseite getrennt gemessen, indem Zuführung und Entnahme des Gemisches entweder nur an der Oberseite oder nur an der Unterseite des Gehäuses erfolgten. Zum Teil wurden die Messungen bei gleichzeitiger Entnahme an Ober- und Unterseite der Trennscheibe durchgeführt. Da die Untersuchungen darauf gerichtet waren, vor allem die Anreicherung des Argonisotopes ^{36}A nachzuweisen, wurde auch bei der Untersuchung des N_2/O_2-Gemisches meistens die optimale Anreicherung der leichten Komponente verfolgt. Aus diesem Grunde erfolgte, wie Abb. 14 zeigt, der Zufluß L_0 des Ausgangsgemisches fast immer auf dem Umfang und mit Θ als Entnahmeverhältnis, die Entnahme $L_1 = \Theta L_0$ des Gemisches mit der angereicherten leichten Komponente stets in der Nähe der Achse und die Entnahme $L_2 = (1-\Theta)L_0$ des Gemisches mit der angereicherten schweren Komponente ebenfalls auf dem Umfang, jedoch an einer anderen Stelle. Ihre Lage war so gewählt, daß auf dem Umfang eine möglichst gute Umspülung mit der Ausgangskonzentration erreicht wurde, d. h. sie war in Drehrichtung gesehen um $\frac{3}{2}\pi$ von der Zuführungsstelle entfernt. Die Flüsse L_k haben die Dimension von Volumen pro Zeiteinheit. Sie sind, wenn nichts anderes mitgeteilt ist, jeweils auf eine Seite der Scheibe bezogen. Die Kontinuitätsgleichung lautet damit, wenn L_0 zugeführt wird und L_1 sowie L_2 entnommen werden

$$L_0 = L_1 + L_2 \qquad (4.2\text{-}1)$$

Die Molenbrüche c_{ik} der beiden Komponenten sind so eingeführt, daß der erste Index die Komponente des Gemisches bezeichnet, wobei die leichte Komponente durch den Index 1 gekennzeichnet ist. Der zweite Index bezieht sich auf die Meßstelle. Für die Molenbrüche ergibt sich damit z. B.

$$c_{11} + c_{21} = 1$$

Aus dem Erhaltungssatz für die Moleküle der leichten Komponente erhält man

$$c_{10} = \Theta c_{11} + (1-\Theta)c_{12} \qquad (4.2\text{-}2)$$

Die Anreicherungsfaktoren der leichten Komponente im Fluß L_1 und der schweren Komponente im Fluß L_2 lauten

$$q_1 = \frac{c_{11}}{1-c_{11}} \frac{1-c_{10}}{c_{10}}$$

und

$$q_2 = \frac{c_{22}}{1-c_{22}} \frac{1-c_{20}}{c_{20}}$$

Der Trennfaktor ist das Produkt der beiden Anreicherungsfaktoren und kann in den Endkonzentrationen beider Komponenten wie folgt ausgedrückt werden:

$$q_{12} = q_1 \cdot q_2 = \frac{c_{11}}{(1-c_{11})} \cdot \frac{(1-c_{12})}{c_{12}} = \frac{c_{22}}{(1-c_{22})} \cdot \frac{(1-c_{21})}{c_{21}}$$

Die Temperaturverhältnisse im Spalt werden gekennzeichnet durch $\frac{\Delta T}{T_m}$, wo $\Delta T = T_1 - T_0$ die Temperaturdifferenz im Spalt zwischen Scheibe und Gehäuse, $T_m = \frac{T_1 + T_0}{2}$ die mittlere absolute Spalttemperatur und T_1, T_0 die absoluten Temperaturen von Gehäuse und Scheibe bedeuten.

4.3 Versuchsergebnisse

4.3.1 *Die Ergebnisse der* N_2/O_2-*Messungen*

In einer Anzahl von Vorversuchen mit Luft hatte sich gezeigt, daß ein für die Anreicherung der leichten Komponente günstiges Entnahmeverhältnis Θ existiert, welches noch vom Gesamtdurchsatz L_0 abhängig ist. Außerdem hatte sich ergeben, daß die Wahl der Zuführungs- und Entnahmestellen, wie sie in Abb. 14 angegeben ist, für die Anreicherung der leichten Komponente besonders günstig war. Unter diesen Versuchsbedingungen wurde daher die Abhängigkeit des Anreicherungsfaktors q_{N_2} von der Drehzahl bei gleichzeitiger Entnahme an Ober- und Unterseite untersucht. Dabei zeigte sich, daß der Anreicherungsfaktor auf beiden Seiten ein Maximum hat. Die Lage in Abhängigkeit von der Drehzahl und auch die Größe des Maximalwertes sind jedoch für Ober- und Unterseite der Scheibe verschieden. Diese Abhängigkeit wurde daher für verschiedene Spaltverhältnisse s_u/s_o untersucht.

Dabei ergaben sich die in den Abb. 15–20 dargestellten Tendenzen. s_u ist die Spaltweite auf der Unterseite, s_o die Spaltweite auf der Oberseite der Scheibe und $s_u + s_o = 2,3$ mm. Die maximale Anreicherung wird auf beiden Seiten mit abnehmender Spaltweite größer und verschiebt sich außerdem zu höheren Drehzahlen. Der Betrag der maximalen Anreicherung ist bei gleicher Spaltweite, wie Abb. 19 erkennen läßt, an der Oberseite wesentlich größer und liegt auch bei erheblich höheren Drehzahlen als an der Unterseite der Scheibe. Dieser Unterschied ist auf die konische Ausbildung der Trennscheibe und den an der Unterseite bezüglich des Schwerefeldes entgegengesetzten Temperaturgradienten zurückzuführen und wird in Abschnitt 5 näher erklärt. Die mit unterbrochenem Strich gezeichneten Kurvenverläufe in den Abb. 15–18 sind gemessen, wenn Zufluß und Entnahme jeweils nur an einer Seite der Scheibe erfolgten. Dabei haben sich Abweichungen ergeben, die darauf zurückzuführen sind, daß sich bei einseitiger Trennung die Beeinflussung durch die andere Seite am äußeren Rand bemerkbar macht. Sie ist jedoch nicht so bedeutend, daß sie zu einem merklichen Absinken der

Anreicherung bei gleichzeitiger Entnahme an Ober- und Unterseite führt. Man kann diesen Einfluß ausschalten, indem man den Zufluß L_0 vergrößert und das Entnahmeverhältnis Θ verkleinert. Dem stehen jedoch Überlegungen bezüglich der Größe des Trennpotentials entgegen, welches in der Theorie der Trennkaskaden, wie sie von COHEN [16] dargestellt wurde, eine entscheidende Rolle spielt. Trägt man den Anreicherungsfaktor an der Oberseite der Scheibe über $\text{Re}\sqrt{\frac{r_0}{s_0}}$ auf, wobei die Reynoldszahl mit der Spaltweite s_0 gebildet ist, so zeigt sich (Abb. 21), daß alle Maxima bei dem gleichen Wert

$$\text{Re}\sqrt{\frac{r_0}{s_0}} = 50$$

liegen. An der Unterseite der Scheibe sind die Verhältnisse, wie Abb. 22 zeigt, anders. Offenbar spielt hier durch den bezüglich des Schwerefeldes entgegengesetzten Temperaturgradienten die natürliche Konvektion eine Rolle und führt zur Verschlechterung der Trennwirkung gegenüber der Oberseite. Dieser Einfluß der natürlichen Konvektion auf der Unterseite wird durch die Messungen der Temperaturabhängigkeit bei konstanter Spaltweite in Abhängigkeit von der Drehzahl bestätigt und durch Einführung der Grashofzahl

$$\text{Gr} = g\frac{\Delta T}{T_m}\frac{s_u^3}{\nu^2}$$

berücksichtigt. Die Abb. 22 und 23 zeigen, daß an der Unterseite der Scheibe die Maxima aller Anreicherungen bei dem Wert

$$\frac{\text{Re}}{\sqrt{\text{Gr}}}\frac{\Delta T}{T_m} = 0{,}14$$

liegen. Die Reynoldszahl ist dabei mit der Spaltweite s_u gebildet. Die Maxima der Anreicherungen, über dem Temperaturverhältnis $\frac{\Delta T}{T_m}$ aufgetragen, bilden – wie Abb. 24 zeigt – eine Gerade. Die Abb. 15–20 lassen außerdem erkennen, daß es bei der vorgegebenen Gesamtspaltweite ein Spaltverhältnis $\frac{s_u}{s_0} \approx 0{,}4$ gibt, bei dem die Maxima der Anreicherung beider Seiten bei der gleichen Drehzahl $n = 240$ U/min liegen.

Die folgenden Versuche galten der Variation des Zuflusses L_0 und der Entnahmemengen L_1 und L_2, wobei zunächst die Zufluß- und Entnahmestellen nicht geändert wurden, sondern an den in Abb. 14 angegebenen Stellen lagen. Die Messung erfolgte an der Unterseite der Scheibe bei einer Spaltweite $s_u = 1$ mm. Um die Verschiebung der Anreicherungen deutlich zu machen, wurden die Anreicherungsfaktoren q_{N_2} und q_{O_2} beider Komponenten in Abhängigkeit von der Entnahme L_1 für eine Reihe L_2-Werte ermittelt und auch der Trennfaktor $q = q_{N_2} \cdot q_{O_2}$ für das Gemisch angegeben. Die Ergebnisse zeigen die Abb. 25–30. Man sieht, daß die Anreicherungsfaktoren q_{N_2} für die leichte Komponente immer größer werden, je höher die Entnahmemenge L_2 wird, d. h. je besser die Umspülung des Umfanges mit der Ausgangskonzentration c_{10} wird. Wie Abb. 31 zeigt, strebt q_{N_2} einem Grenzwert zu, der praktisch bei einer Entnahme von $L_2 = 6$ l/h am Umfang bereits erreicht ist. Von besonderer Bedeutung ist außerdem die Tatsache, daß der Trennfaktor $q = q_{N_2} \cdot q_{O_2}$ von einem bestimmten Entnahmeverhältnis Θ und Zufluß L_0 ab konstant bleibt. An der Oberseite der Scheibe sind hier die Verhältnisse ähnlich. Sie wurden in zwei Versuchen (Abb. 32 und 33) bei verschiedenen Spaltweiten nachgeprüft.

Für die Isotopentrennung ist die symmetrische Anreicherung, also der Fall

$$q_{N_2} = q_{O_2}$$

von besonderer Bedeutung, da sich in diesem Fall die stufenweise Trennung in Kaskaden gut erfassen läßt (s. COHEN [16]). Durch Variation der Meßstelle wurde daher eine symmetrische Anreicherung bei hohen Durchsätzen angestrebt. Bei einem Versuch lagen die Zuführungen an Ober- und Unterseite auf der Mitte des Radius an den in Abb. 14 gekennzeichneten Stellen 7 und 19, die Entnahmen für schwere und leichte Komponente an den Stellen 2, 12, 16 und 21. Abb. 34 zeigt, daß bei einer Entnahme von 2,5 l/h pro Meßstelle die Anreicherungen, die bei kleinen Durchsätzen noch verschieden sind, praktisch bereits gleich groß werden. Es ist bemerkenswert, daß selbst bei Durchsätzen von 10 l/h pro Meßstelle, also einem Gesamtdurchsatz von $L_0 = 40$ l/h für die ganze Scheibe, die Anreicherungen erhalten bleiben. Der Durchsatz konnte daher für jede Komponente im nächsten Versuch noch bis auf 60 l/h gesteigert werden, dadurch, daß die Entnahme auf mehrere Stellen verteilt wurde. Die Zuführungen lagen dabei an den Stellen 6, 8, 18 und 20. An den Stellen 9, 10, 11 und 13, 14, 15 wurden je 10 l/h an angereicherter schwerer Komponente, an den Stellen 1 und 21 je 30 l/h an angereicherter leichter Komponente entnommen. Das Ergebnis zeigt Abb. 35. Darin sind jetzt die Entnahmeflüsse L_1 und L_2 auf Ober- und Unterseite der Scheibe bezogen.

4.3.2 Die Ergebnisse der Isotopentrennung von Argon

Die Anreicherung der Argonisotope erfolgte bei einem Spaltverhältnis, bei dem nach den vorliegenden Versuchen die Maxima der Anreicherungen an Ober- und Unterseite der Scheibe bei den gleichen Drehzahlen lagen. Das Ergebnis in Abb. 36 zeigt, daß beide Isotope ^{36}A und ^{38}A angereichert wurden. Die Anreicherung erfolgte bei gleichzeitiger Entnahme von 1 l/h an Ober- und Unterseite der Scheibe. Bei den Versuchen mit N_2/O_2 hatte sich herausgestellt, daß die Anreicherung bei gleichzeitiger Entnahme sich gegenüber der Anreicherung bei einseitiger Entnahme kaum ändert. Es wurde daher versucht, bei getrennten Messungen auf beiden Seiten ein Spaltverhältnis zu ermitteln, bei dem die Maxima der Anreicherungen noch höher lagen. Abb. 37 zeigt, daß für eine Gesamtspaltweite von 1,5 mm und dem Spaltverhältnis $\frac{s_u}{s_o} = 0,25$ die maximalen Anreicherungen größer sind. Die Abhängigkeit der Isotopentrennung von der Entnahmemenge L_1 bei konstantem Zufluß L_0 zeigt Abb. 38. Da es sich hier um den Fall gleichzeitiger Entnahme handelt, sind L_0 und L_1 jeweils die Gesamtflüsse von Ober- und Unterseite. Die entsprechenden Abhängigkeiten von L_1 bei einseitiger Entnahme unter den Bedingungen wie in Abb. 37 ist in den Abb. 39 und 40 zu sehen. Das verwendete Argon enthielt die Isotope in ihrem natürlichen Vorkommen.

4.3.3 Die Ergebnisse der Isotopentrennung von ^{18}O, ^{17}O und ^{13}C

Außer den Argonisotopen wurden noch die Isotope ^{18}O, ^{17}O und ^{13}C aus den in Tab. I angeführten Gasgemischen für einzelne Parameterwerte angereichert. Die Anreicherung wurde an der Unterseite der Scheibe bei einer Spaltweite von $s_u = 1$ mm gemessen. Die Zuführung des ungetrennten Gemisches erfolgte dabei auf der Mitte des Radius an der Stelle 19 (s. Abb. 14), die Entnahme L_2 der schweren und die Entnahme L_1 der leichten Komponente an den Stellen 16 und 21. Die Ergebnisse sind in Tab. I zusammengestellt:

Tab. I   Die Anreicherungsfaktoren q der Isotope ^{18}O, ^{17}O, ^{13}C

n (U/min)	Gemisch	$\frac{\Delta T}{T_m}$	L_2 (l/h)	$1 - \Theta$	q
290	$^{16}O\ ^{18}O$–$^{16}O\ ^{16}O$	0,67	0,5	0,07	1,22
290	$^{16}O\ ^{18}O$–$^{16}O\ ^{16}O$	0,69	1	0,3	1,13
290	$^{16}O\ ^{17}O$–$^{16}O\ ^{16}O$	0,67	0,5	0,07	1,10
290	$^{16}O\ ^{17}O$–$^{16}O\ ^{16}O$	0,69	1	0,3	1,06
290	$^{13}CH_4$–$^{12}CH_4$	0,52	0,7	0,41	1,07

5. Vergleich zwischen der Theorie an der ebenen Scheibe und den experimentellen Untersuchungen an der konischen Scheibe

Der Vergleich der Theorie mit den Ergebnissen der experimentellen Untersuchungen zeigt, daß die Theorie für die ebene Scheibe die Versuchsergebnisse an der konischen Scheibe auch quantitativ richtig beschreibt. Das gilt sowohl für das Maximum der Anreicherung in Abhängigkeit von der Drehzahl, als auch für den Anreicherungsfaktor in Abhängigkeit von der Entnahmemenge, ferner auch für die übrigen Parameter wie Spaltweite und Temperaturdifferenz im Spalt. Zwischen der Theorie an der ebenen Scheibe und den experimentellen Untersuchungen an der konischen Scheibe bestehen jedoch an der Oberseite der Scheibe Unterschiede in bezug auf die Lage der Maxima in Abhängigkeit von der Drehzahl und an der Unterseite der Scheibe außerdem noch in bezug auf die Größe der Anreicherung. Um diese Abweichungen zu klären, werden die Anreicherungen an Ober- und Unterseite getrennt betrachtet. Zum Vergleich dienen dabei diejenigen Experimente, die den in der Theorie angenommenen Randbedingungen entsprechen. Das ist bei allen Versuchen mit einem Entnahmefluß $L_2 > 6$ l/h erfüllt, da dann eine gute, der Randbedingung (3.5.1–5) entsprechende Umspülung des Umfangs mit der Ausgangskonzentration c_{10} erreicht ist, wie Abb. 31 erkennen läßt. Die Abb. 41–43 zeigen für das Isotopengemisch $^{36}A/^{40}A$ sowie für das Gasgemisch N_2/O_2, daß die Anreicherungen an der ebenen und der konischen Scheibe auf der Oberseite gleich groß sind. Das Maximum der experimentellen Anreicherung liegt jedoch an der Oberseite bei größeren Drehzahlen als in der Theorie. Diese Abweichung ist durch die konische Form der Scheibe bedingt, die zu einer Verringerung der Sekundärgeschwindigkeiten in radialer und axialer Richtung führt, so daß der Maximalwert der Anreicherung erst bei höheren Drehzahlen erreicht wird. Der bei gleichen Spaltweiten an der Unterseite um 100% geringere Betrag der Anreicherung gegenüber der Oberseite (s. Abb. 19 und 20) ist durch den entgegengesetzten Temperaturgradienten bedingt, durch welchen eine instabile Schichtung entsteht. Der Einfluß der dadurch bewirkten Auftriebskraft auf die Radialkomponente der Strömung (s. Gl. 3.2-2) ist durch den Term

$$g \frac{\Delta T}{T_m} \cdot \frac{s^3}{v^2} \cdot \frac{s}{r_0} \cdot \cos \cdot \frac{\beta}{2}$$

gegeben. Er ist von der Größenordnung 10^{-4} für $s = 0,3$ mm und 10^{-2} für $s = 1$ mm und ist damit wesentlich größer als der Einfluß des Durchflusses $\bar{\sigma}$, der bei 1 l/h Entnahme von der Größenordnung 10^{-5} ist.

Auch die Abhängigkeit des Anreicherungsfaktors von der Entnahmemenge liefert quantitativ richtige Ergebnisse wie Abb. 44 zeigt. Theorie und Experimente wurden hier bei Reynoldszahlen verglichen, die jeweils etwa 10% oberhalb der maximalen Anreicherung lagen, da die experimentellen Ergebnisse der Isotopentrennung von ^{36}A in diesem Bereich vorlagen. Die Abweichungen bei Entnahmen <1 l/h sind dadurch bedingt, daß bei sehr kleinen Durchsätzen die Randbedingungen der Versuche nicht mehr mit den in der Theorie angenommen übereinstimmen. Bei kleinen Durchsätzen wären diese Randbedingungen nur durch die Anbringung von Reservoiren realisierbar.

6. Wirtschaftlichkeitsbetrachtungen

Für die Wirtschaftlichkeit eines Trennprozesses ist (s. RIEZLER und WALCHER [8]) der durch folgende Beziehung definierte spezifische Aufwand

$$\zeta = \frac{N}{\delta U}$$

maßgebend. N ist der Energieverbrauch pro Zeiteinheit, der hier ermittelt wurde aus der an den Rotor übertragenen Wärme und δU das wie folgt definierte Trennpotential. Wenn L_0 der mit Gl. (4.2-1) definierte Gesamtdurchsatz ist, lautet das Trennpotential für so hohe Anreicherungsfaktoren wie sie mit diesem Verfahren erreicht wurden nach COHEN [16]

$$\delta U = L_0 \frac{q-1}{q+1} \ln q$$

Dieser Ausdruck ist allerdings nur für symmetrische Prozesse gültig, d. h. für Prozesse, bei denen die Anreicherungsfaktoren beider Komponenten gleich groß sind. Deshalb wurde der spezifische Aufwand für die in Abb. 35 gezeigten Versuchsergebnisse ermittelt, wo die Bedingung gleichgroßer Anreicherungsfaktoren erfüllt ist. Abb. 45 zeigt, daß der spezifische Aufwand bei einer Entnahmemenge von 15 l/h je angereicherter Komponente ein Minimum

$$\zeta_{min} = 253 \frac{\text{kWh}}{\text{Mol}}$$

hat.

Es ist zu erwarten, daß dieser Wert durch eine Verringerung der Gesamtspaltweite s, welche höhere Anreicherungsfaktoren ergibt (s. Seite 25), und eine entsprechende Veränderung der übrigen Parameter noch beträchtlich vermindert werden kann.

Ein Vergleich des vorliegenden Isotopentrennverfahrens mit dem Verfahren von CLUSIUS und DICKEL läßt sich an Hand der Untersuchung von MCINTEER, ALDRICH und NIER [17, 18] über die Anreicherung von ^{3}He führen. Dort wurde bei einer Entnahme von $2,78 \cdot 10^{-4}$ l/h aus zwei hintereinandergeschalteten Trennrohren von je 3,5 m Länge ein Anreicherungsfaktor $q = 386$ erreicht.

Nach eigenen Rechnungen auf Grund von Gl. (3.5.1–9) ergibt sich für die Trennscheibe mit den Werten

$$\alpha_{He} = 0{,}059$$

$$\frac{\Delta T}{T_1} = 0{,}438$$

$$\nu = 1{,}2 \; \frac{\text{cm}^2}{\text{sec}}$$

$$\frac{D_{12}}{\nu} = 1{,}37$$

$$a_0 = 343$$

bei der gleichen geringen Entnahme ein Anreicherungsfaktor $q = 358$ für eine Seite der Scheibe. Zieht man beide Seiten zur Trennung heran, so kann man bei gleichem Anreicherungsfaktor die doppelte Entnahmemenge erreichen. Der wesentliche Vorteil der Trennscheibe gegenüber dem Trennrohr liegt jedoch in den hohen Durchsätzen, die mit der Trennscheibe erzielt werden können. Für den betrachteten Fall der Heliumanreicherung gilt für das Trennrohr nach JONES und FURRY [11] mit $n = \sigma/H$

$$q = \frac{1+n}{n}$$

Setzt man hier den für die beiden hintereinandergeschalteten Trennrohre von McINTEER, ALDRICH und NIER ermittelten Wert

$$H = 10{,}7 \; \text{l/h}$$

ein, so würde man bei einem Durchsatz von 15 l/h, wie er mit der Trennscheibe erreicht wurde, nur einen Anreicherungsfaktor

$$q = 1{,}71$$

für die Trennrohre erhalten, der sich bei einem symmetrischen Prozeß wegen $q = q_1 \cdot q_2$ auf

$$q = 1{,}3$$

verringern würde. Der mit dem Energieverbrauch für die Rohre 1 und 2 ermittelte spezifische Aufwand wäre damit

$$\zeta = 336 \; \frac{\text{kWh}}{\text{Mol}}$$

Für die Trennscheibe ergibt sich hingegen ein wesentlich günstigerer Wert: Mit dem Thermodiffusionsfaktor α für Helium, und da der Elementareffekt der Trennung proportional α ist – s. Gl. (3.5.1–12) –, ergibt sich ein Anreicherungsfaktor

$$q = 1{,}45$$

und ein spezifischer Aufwand von

$$\zeta = 187 \; \frac{\text{kWh}}{\text{Mol}}$$

welcher praktisch nur halb so groß wie beim Trennrohr ist. Der angenommene Durchsatz ist aber für das Trennrohr viel zu hoch, da er die natürliche Konvektion so stören würde, daß eine Anreicherung in diesem Entnahmebereich nicht mehr zustande käme. Die Versuche mit der Trennscheibe haben hingegen gezeigt (s. Abb. 35), daß selbst bei Durchsätzen von 120 l/h noch Anreicherungen erzielt werden können.

7. Zusammenfassung

Den Inhalt dieser Arbeit bilden die theoretischen und experimentellen Untersuchungen der Isotopentrennung von Gasen bei dem von SCHULTZ-GRUNOW [1] entwickelten Trennverfahren mit einer in einem geschlossenen Gehäuse rotierenden Scheibe. Die in dem Spalt zwischen Gehäuse und Scheibe vorhandene erzwungene Konvektionsströmung, welche zuerst von SCHULTZ-GRUNOW [2] berechnet wurde, bietet zusammen mit dem in axialer Richtung überlagerten Temperaturgradienten einen Trennmechanismus, der gegenüber dem Verfahren von CLUSIUS und DICKEL den Vorteil der Beeinflußbarkeit der Konvektionsströmung hat.

Durch Betrachtung der Größenordnung der einzelnen Terme in der Grundgleichung (3.3-1) konnte nachgewiesen werden, daß die Konzentrationsdiffusion in radialer Richtung und die Druckdiffusion bei der Trennscheibe von der Ordnung $\left(\frac{s}{r_0}\right)^2$, also von höherer Ordnung klein sind gegenüber den anderen Termen. Es wurde die Transportgleichung für beide Komponenten eines Zweikomponentengemisches mit überlagertem Durchfluß aufgestellt und für den stationären Zustand für alle Konzentrationsbereiche gelöst. Dabei zeigte sich, daß sich der Anreicherungsfaktor q durch eine Funktion Φ beschreiben läßt, die im Falle sehr kleiner Ausgangskonzentrationen und bei kleinen Anreicherungen direkt den »Elementareffekt der Trennung« darstellt. Allgemein läßt sie sich in der Form

$$\Phi = \alpha a_0 \frac{T}{\Delta T_1} \cdot \Phi^* \left(\alpha, a_0, \frac{T}{\Delta T_1}, \sigma, \overline{\mathrm{Re}}\right)$$

schreiben, wo Φ^* nur noch wenig vom Thermodiffusionsfaktor abhängt, wie aus Abb. 5 hervorgeht.

Die Berechnung des Anreicherungsfaktors erfolgte für alle im Rahmen des zugrunde gelegten Näherungsgrades auftretenden Parameter. Dabei zeigte es sich, daß der Anreicherungsfaktor in Abhängigkeit von der Drehzahl ein ausgeprägtes Maximum hat. Es wurde nachgewiesen, daß dieses nur durch die Strömungsgeschwindigkeit in radialer Richtung im Zusammenhang mit dem Thermodiffusionsprozeß bedingt ist.

Auch die experimentellen Untersuchungen fallen noch in den Anwendungsbereich der Theorie, obwohl diese für die ebene Scheibe gemacht wurde. Die geringen Abweichungen an der Oberseite rühren von der konischen Form her. An der Unterseite ergibt sich eine Verringerung der Anreicherung durch instabile Schichtung.

Die energetischen Betrachtungen zeigen, daß der spezifische Aufwand in Abhängigkeit von der Entnahme ein Minimum hat. Ein Vergleich mit dem Trennrohrverfahren an Hand der von McINTEER, ALDRICH und NIER [17, 18] durchgeführten Anreicherung von ^{3}He hat ergeben, daß mit der Trennscheibe höhere Anreicherungen bei wesentlich größeren Durchsätzen als beim Trennrohr erzielt werden können, wobei der spezifische Aufwand praktisch nur halb so groß ist. Diese Vorteile sind auf die wesentlich intensivere Konvektionsströmung zurückzuführen, die bei der Trennscheibe auch weitgehend reguliert werden kann, während die Konvektion im Trennrohr an das schwache Schwerefeld gebunden ist.

8. Literaturverzeichnis

[1] SCHULTZ-GRUNOW, F., ZAMP, Vol. IX, 6, Fasc. 516, 628–636 (1958).
[2] SCHULTZ-GRUNOW, F., ZAMM, 15, 191–204 (1935).
[3] CHAPMAN, S., and T. G. COWLING, »The Mathematical Theory of Non-Uniform Gases«, Cambridge, University Press, Second Edition (1960).
[4] GREW, K. E., and T. L. IBBS, »Thermal Diffusion in Gases«, Cambridge, University Press (1952).
[5] WALDMANN, L., in S. FLÜGGE, Handbuch der Physik, Bd. XII, 437 n.f., Berlin, Springer (1958).
[6] KISTEMAKER, J., J. BIEGELEISEN and A. D. C. NIER, »Proceedings of the International Symposium on Isotope Separation«, Amsterdam, North-Holland Publishing Company (1958).
[7] LONDON, H., »Separation of Isotopes«, London, George Newnes Ltd. (1961).
[8] RIEZLER, W., und W. WALCHER, »Kerntechnik«, Stuttgart, Teubner Verlagsges. (1958).
[9] CLUSIUS, K., and G. DICKEL, Z. phys. Chem. B, Bd. 44, 397–450 (1939).
[10] LANCE, G. N., and M. H. ROGERS, Proc. Roy. Soc. A, Vol. 266, 109–121 (1962).
[11] JONES, R. C., and W. H. FURRY, Rev. Mod. Phys., Vol. 18, 151–224 (1946).
[12] CALY, R., »Der Wärmeübergang einer in geschlossenem Gehäuse rotierenden Scheibe«, Diss. TH Aachen (1966).
[13] MARTIN, H., und W. KUHN, Z. phys. Chem. A, Bd. 189, 219–316 (1941).
[14] FURRY, W. H., R. C. JONES and L. ONSAGER, Phys. Rev., Vol. 55, 1083–1095 (1939).
[15] DAILY, J. W., and R. E. NECE, Journal of Basic Engineering, Transactions of the ASME, Series D, Vol. 82, 217–232 (1960).
[16] COHEN, K., »The Theory of Isotope Separation as applied to the Large – Scale Production of U 235, McGraw-Hill 1951.
[17] McINTEER, B. B., L. T. ALDRICH and A. O. NIER, Phys. Rev., Vol. 72, 510–511 (1947).
[18] McINTEER, B. B., L. T. ALDRICH and A. O. NIER, Phys. Rev., Vol. 74, 946–949 (1948).

9. Anhang

1. Lösung des Gleichungssystemes (3.2-5)

Aus
$$g''(\xi) = 0$$
folgt mit den Randbedingungen $g(0) = 0$ und $g(1) = 1$
$$g(\xi) = \xi$$

Damit erhält man die Differentialgleichung
$$f''(\xi) = \xi^2 - K$$

Ihre Lösung lautet
$$f(\xi) = \frac{\xi^4}{12} - K\frac{\xi^2}{2} + \xi c_1 + c_2$$

Die Konstanten ergeben sich auf Grund der Randbedingungen zu
$$c_2 = 0$$
$$c_1 = -\frac{1}{12} + \frac{K}{2}$$

Setzt man diese Lösung in die Kontinuitätsgleichung ein, so erhält man
$$\frac{h'(\xi)}{2} = \frac{1}{12}\{\xi^4 - \xi\} + \frac{K}{2}\{-\xi^2 + \xi\}$$

und nach Integration
$$h(\xi) = \frac{1}{6}\left\{\frac{\xi^5}{5} - \frac{\xi^2}{2}\right\} + K\left\{\frac{\xi^3}{3} + \frac{\xi^2}{2}\right\} + c_3$$

Die Konstanten aus den Randbedingungen $h(0) = h(1) = 0$ ermittelt, lauten
$$c_3 = 0$$
$$K = \frac{3}{10}$$

Damit erhält man die Lösungen (3.2-6).

2. Die Geschwindigkeitsprofile $h(\xi)$ und $f(\xi)$
   (s. Abb. I auf S. 32)

3. Lösung der Differentialgleichung (3.5.1.1-5)

Aus der Differentialgleichung
$$\frac{\partial}{\partial \xi} a_0 \left\{\frac{\partial c_1}{\partial \xi} - c_1(1 - c_1)\, \alpha \bar{T}(\xi)\right\} = 0$$

erhält man nach einmaliger Integration

$$\frac{\partial c_1}{\partial \xi} - c_1(1-c_1)\,\alpha\bar{T}(\xi) = 0$$

Die Integrationskonstante ist null, da an den Wänden der Teilchenfluß verschwinden muß.

Die zweite Integration liefert wegen

$$\frac{\partial \ln \frac{c_1}{1-c_1}}{\partial c_1} = \frac{1}{c_1(1-c_1)}$$

$$\frac{c_1}{1-c_1} = A\left[1 - \frac{\varDelta T}{T_1}\xi\right]^{\alpha}$$

und mit der Randbedingung

$$\xi = 1 : c_1 = c_{10}$$

$$A = \frac{c_{10}}{1-c_{10}}\left[1 - \frac{\varDelta T}{T_1}\right]^{-\alpha}$$

und damit

$$q = \left[1 - \frac{\varDelta T}{T_1}\right]^{-\alpha}$$

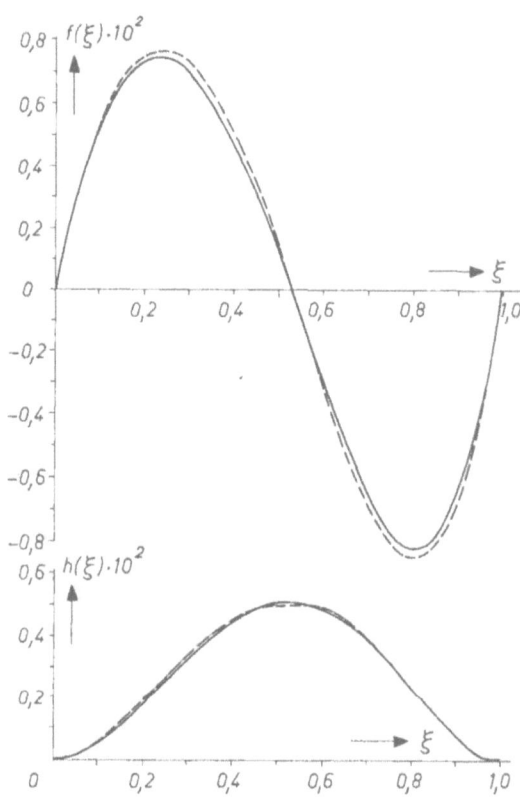

Abb. 1 Die Geschwindigkeitsprofile $h(\xi)$ und $f(\xi)$ nach SCHULTZ-GRUNOW [2] - - - - und die exakten numerischen Lösungen nach LANCE und ROGERS [9] ——— für Re = 4

4. Abbildungen

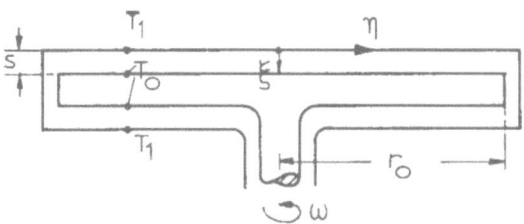

Abb. 1 Rotierende Scheibe im Gehäuse – Wahl der Bezeichnungen

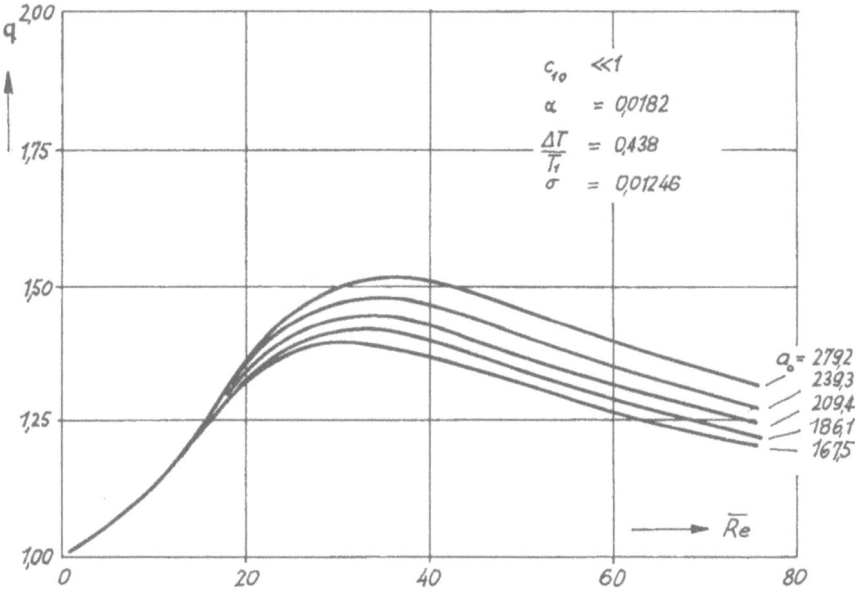

Abb. 2 Der Anreicherungsfaktor q der leichten Komponente für verschiedene α_0-Werte

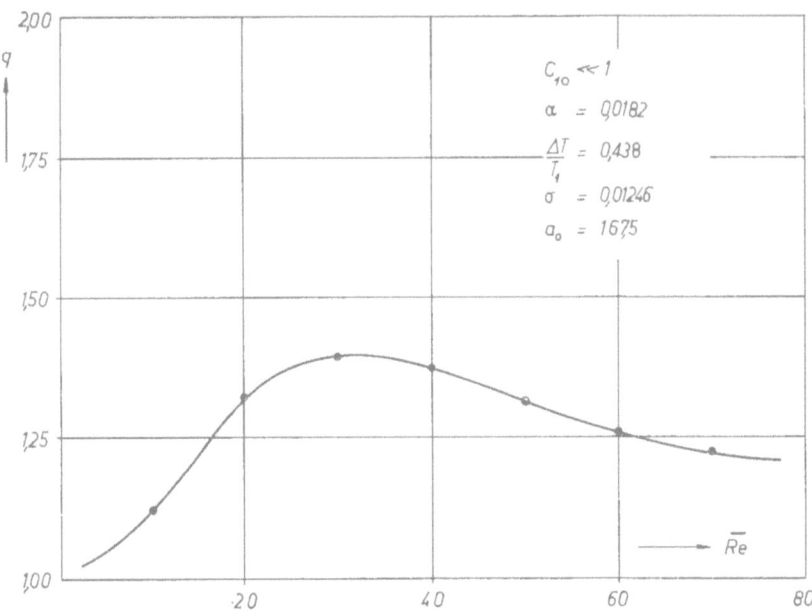

Abb. 3 Der Anreicherungsfaktor q der leichten Komponente
mit (●) und ohne (○) Berücksichtigung der Axialkomponente w

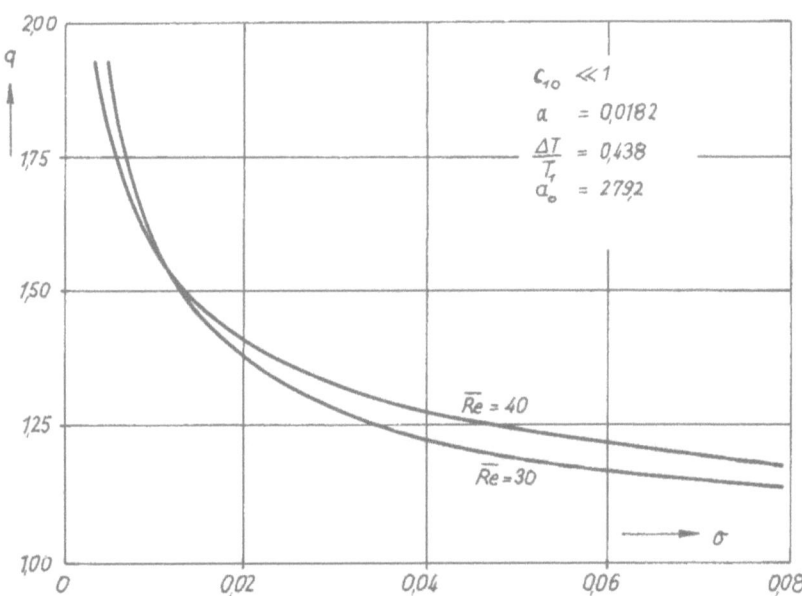

Abb. 4 Der Anreicherungsfaktor q in Abhängigkeit vom Durchfluß σ

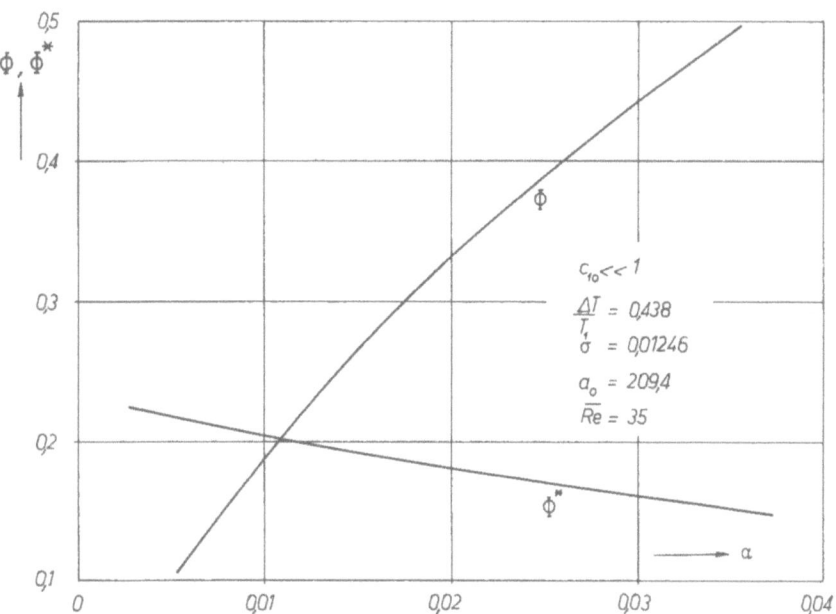

Abb. 5 Die Funktionen Φ und Φ^* in Abhängigkeit vom Thermodiffusionsfaktor α

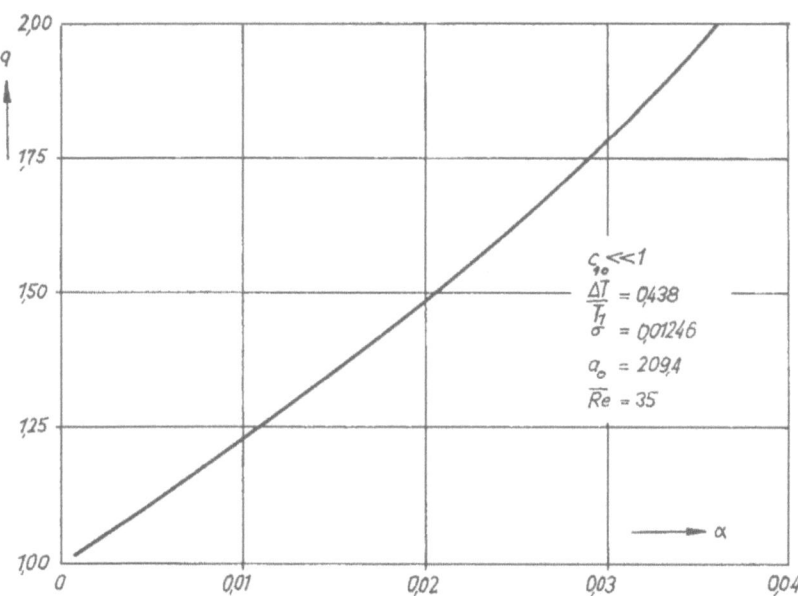

Abb. 6 Der Anreicherungsfaktor q in Abhängigkeit vom Thermodiffusionsfaktor α

35

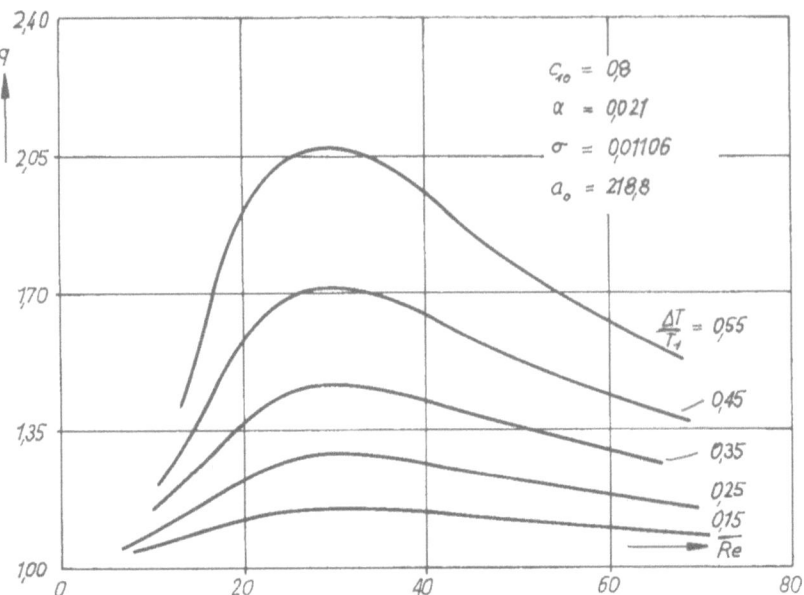

Abb. 7 Die Temperaturabhängigkeit des Anreicherungsfaktors q

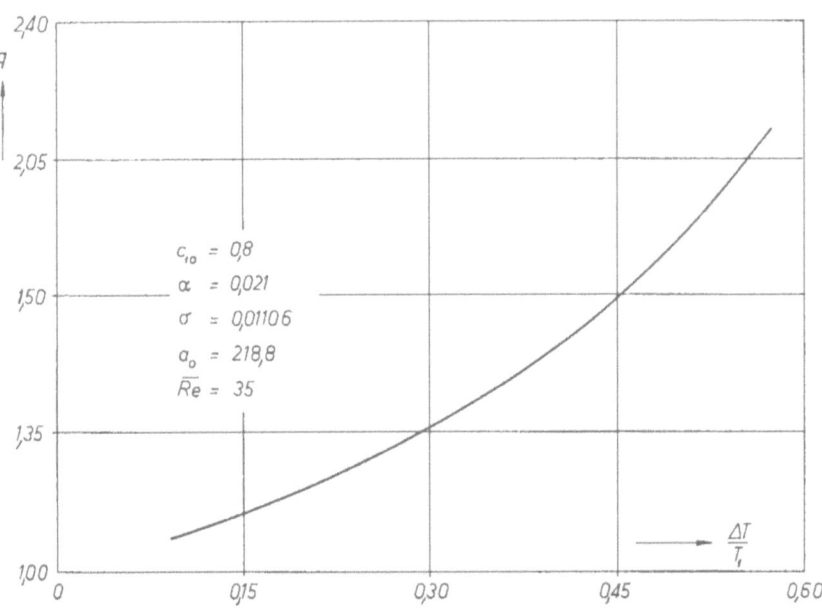

Abb. 8 Der Anreicherungsfaktor q für $\overline{Re} = 35$ in Abhängigkeit von der Temperaturdifferenz im Spalt

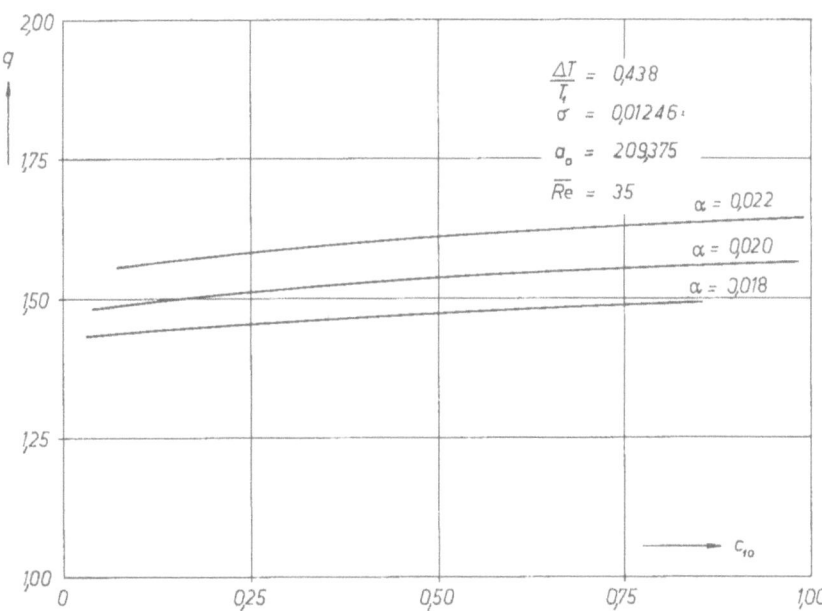

Abb. 9 Die Abhängigkeit des Anreicherungsfaktors q von der Ausgangskonzentration c_{10}

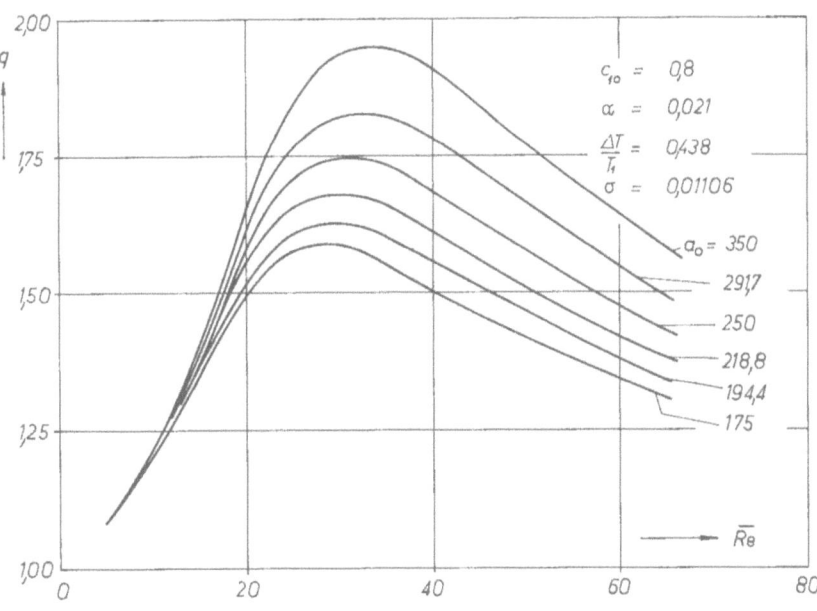

Abb. 10 Der Anreicherungsfaktor q bei hoher Ausgangskonzentration c_{10}

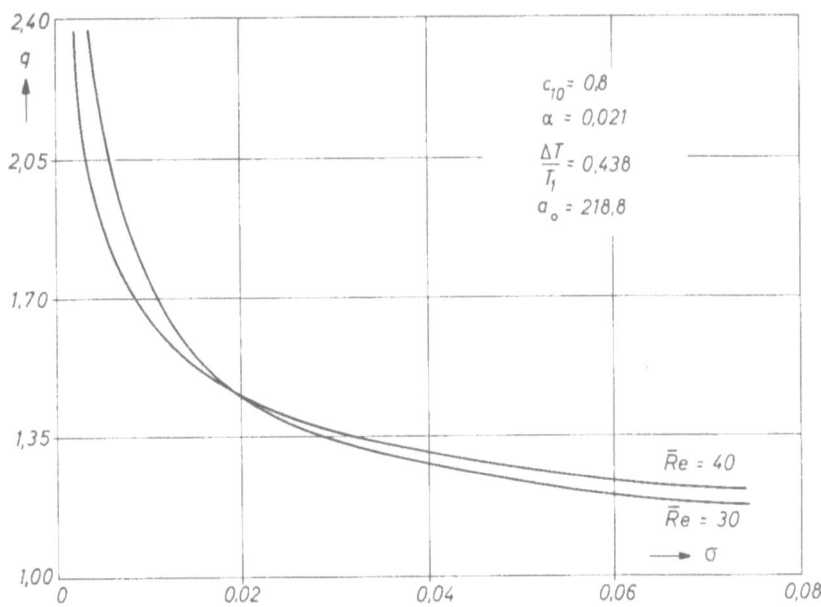

Abb. 11 Abhängigkeit des Anreicherungsfaktors q vom Durchfluß σ bei hoher Ausgangskonzentration c_{10}

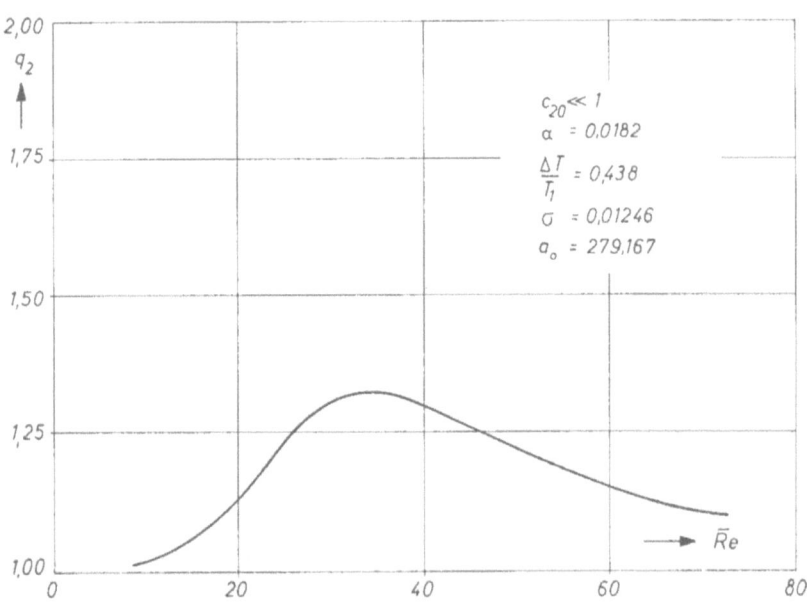

Abb. 12 Der Anreicherungsfaktor q_2 der schweren Komponente bei Zuführung des Gemisches an der Stelle $\eta_0 = 0{,}5$

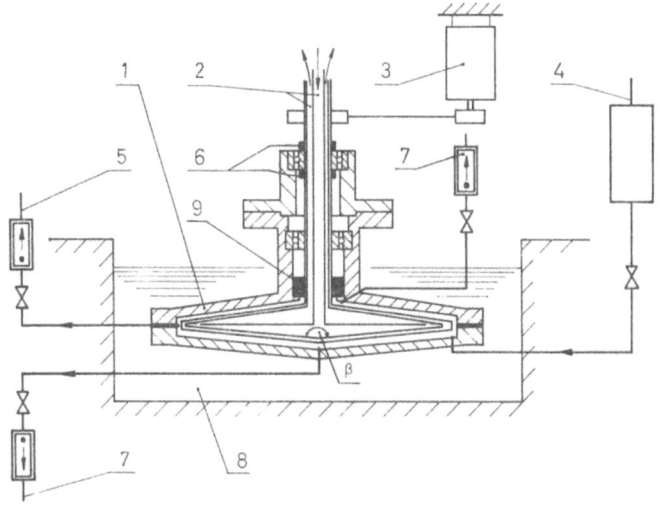

Abb. 13 Versuchsanordnung
1 Trennscheibe, 2 Kühlung, 3 Antrieb, 4 Ausgangsgemisch, 5 Entnahme der angereicherten schweren Komponente, 6 Spaltverstellung, 7 Entnahme der angereicherten leichten Komponente, 8 Temperaturbad, 9 Dichtung

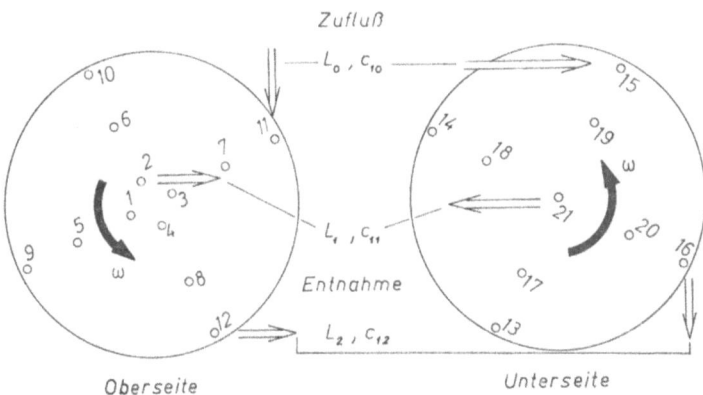

Abb. 14 Anordnung der Meßstellen im Gehäuse von oben gesehen
Alle Versuche wurden, wenn nichts anderes vermerkt ist, in dieser Anordnung von L_0, L_1 und L_2 durchgeführt

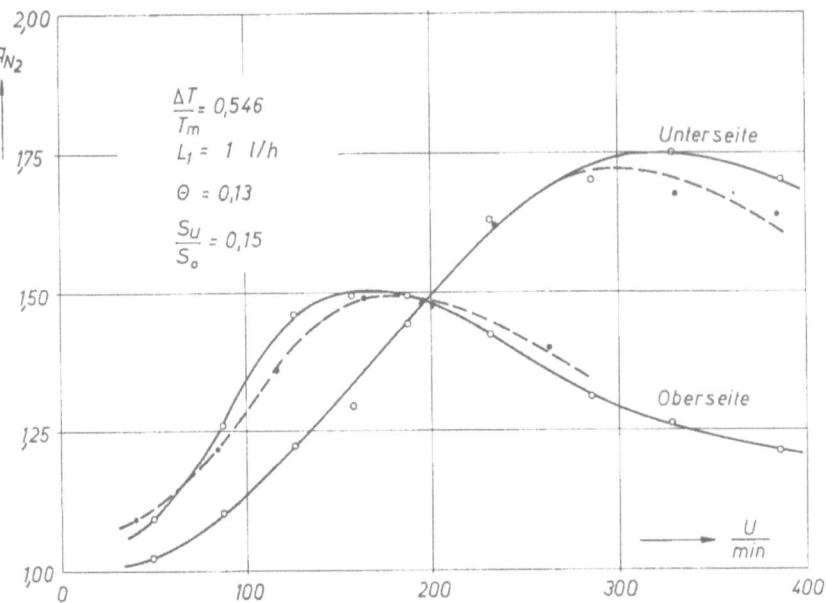

Abb. 15 Der Anreicherungsfaktor q_{N_2} in Abhängigkeit von der Drehzahl

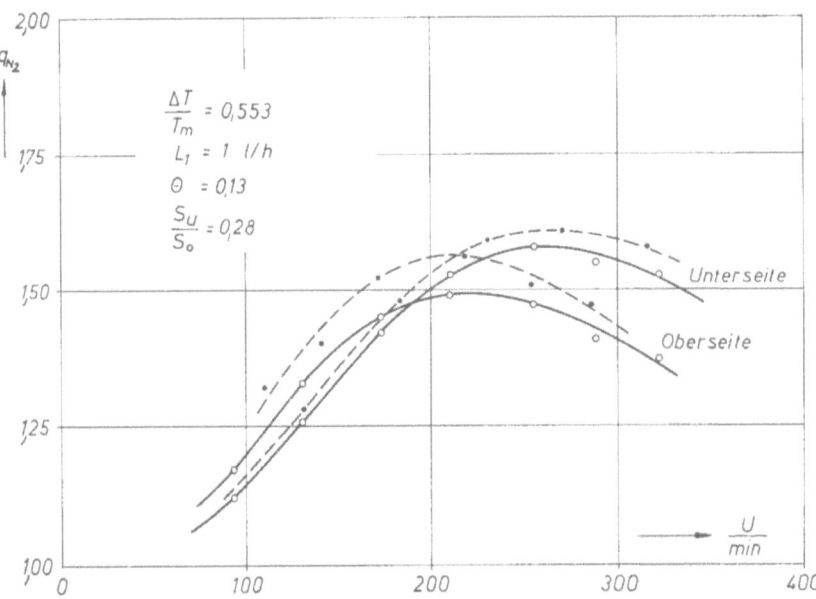

Abb. 16 Der Anreicherungsfaktor q_{N_2} in Abhängigkeit von der Drehzahl

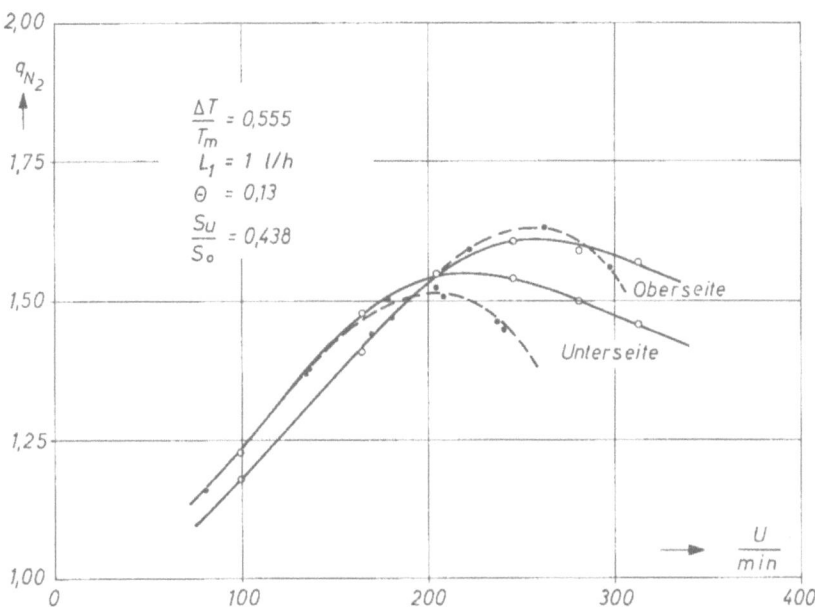

Abb. 17 Der Anreicherungsfaktor q_{N_2} in Abhängigkeit von der Drehzahl

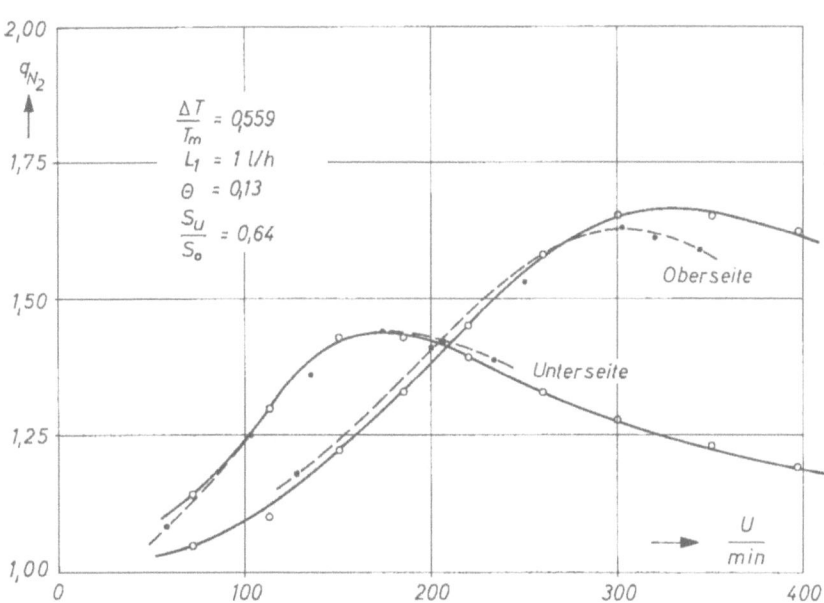

Abb. 18 Der Anreicherungsfaktor q_{N_2} in Abhängigkeit von der Drehzahl

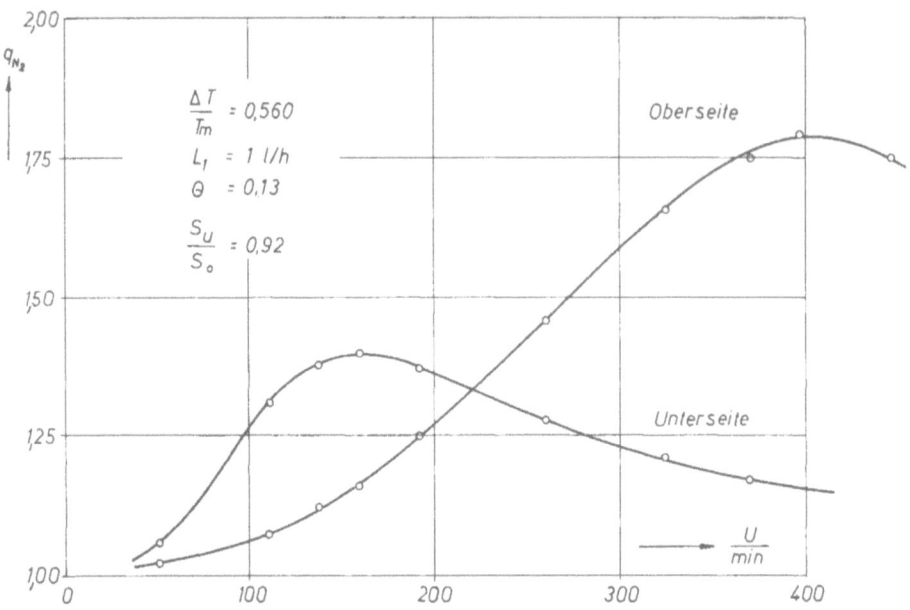

Abb. 19 Der Anreicherungsfaktor q_{N_2} in Abhängigkeit von der Drehzahl

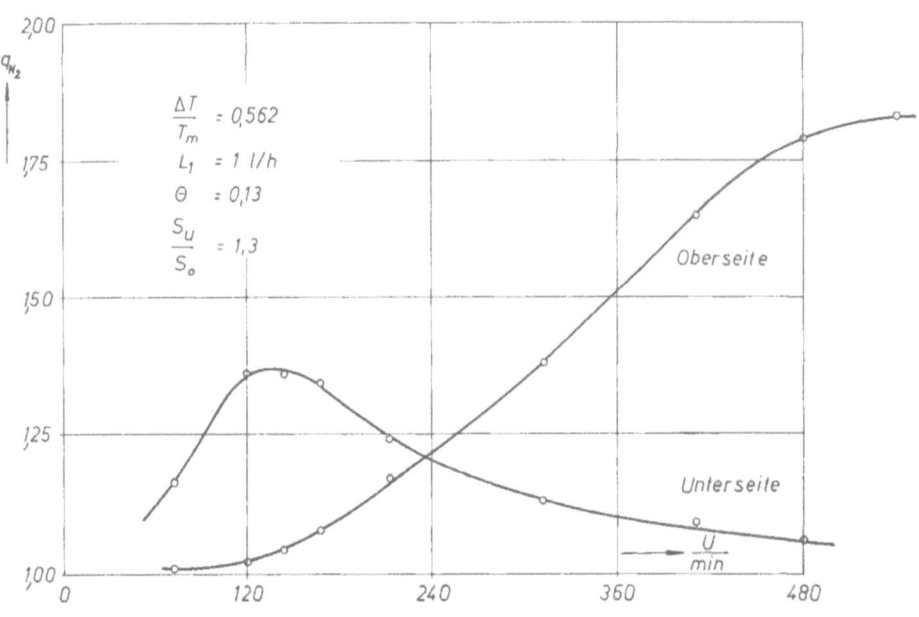

Abb. 20 Der Anreicherungsfaktor q_{N_2} in Abhängigkeit von der Drehzahl

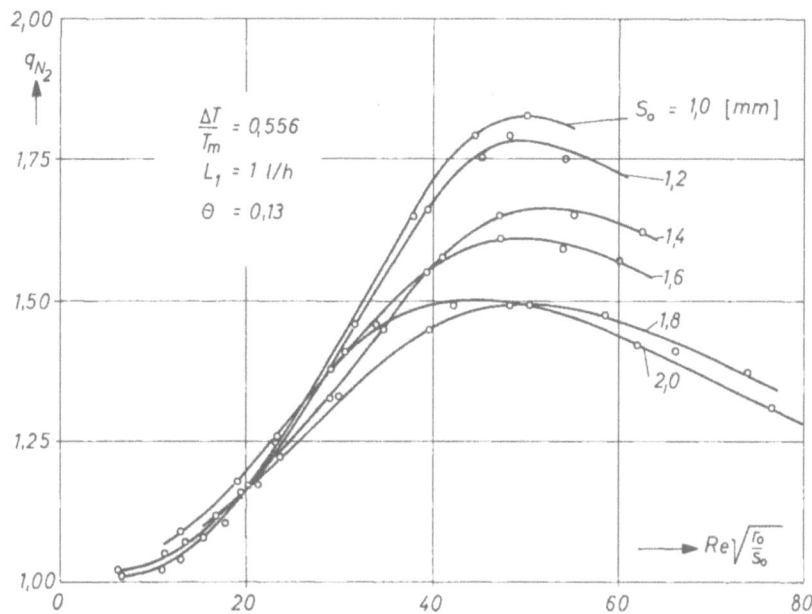

Abb. 21 Der Anreicherungsfaktor q_{N_2} an der Oberseite der Scheibe

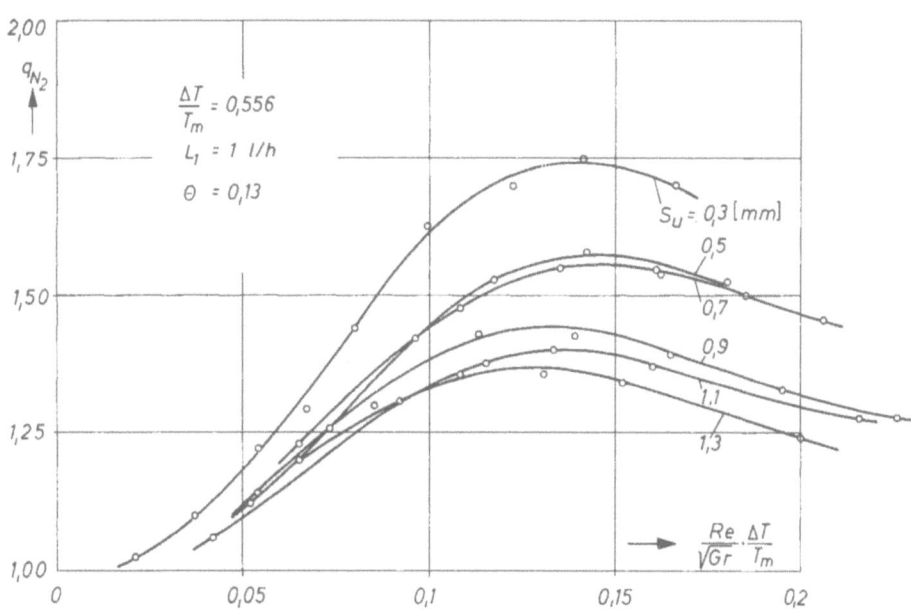

Abb. 22 Der Anreicherungsfaktor q_{N_2} an der Unterseite der Scheibe

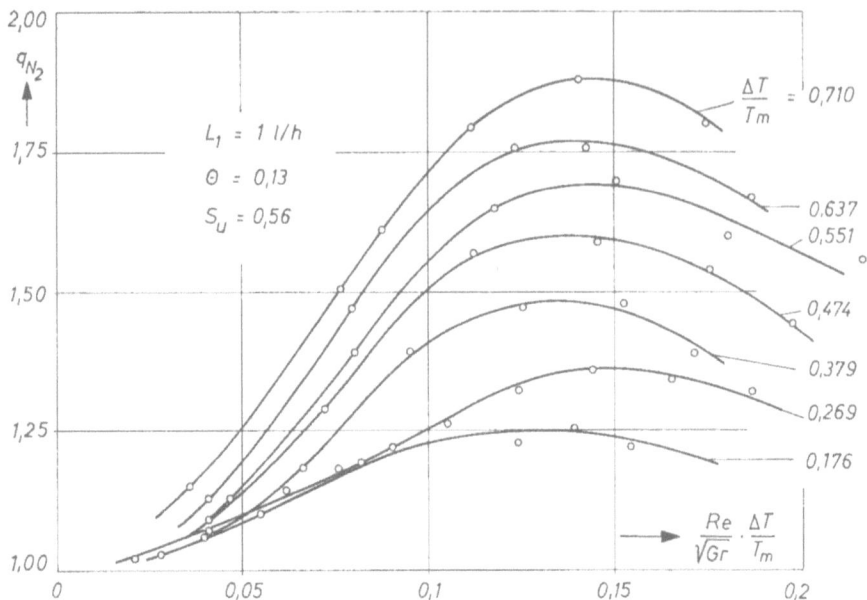

Abb. 23 Die Temperaturabhängigkeit von q_{N_2} an der Unterseite der Scheibe

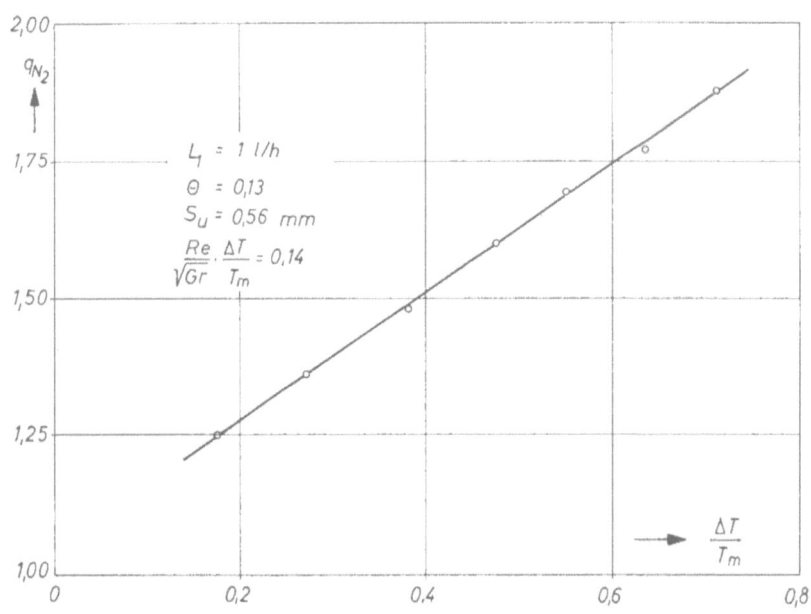

Abb. 24 Die Maxima der Anreicherungsfaktoren q_{N_2} aus Abb. 23

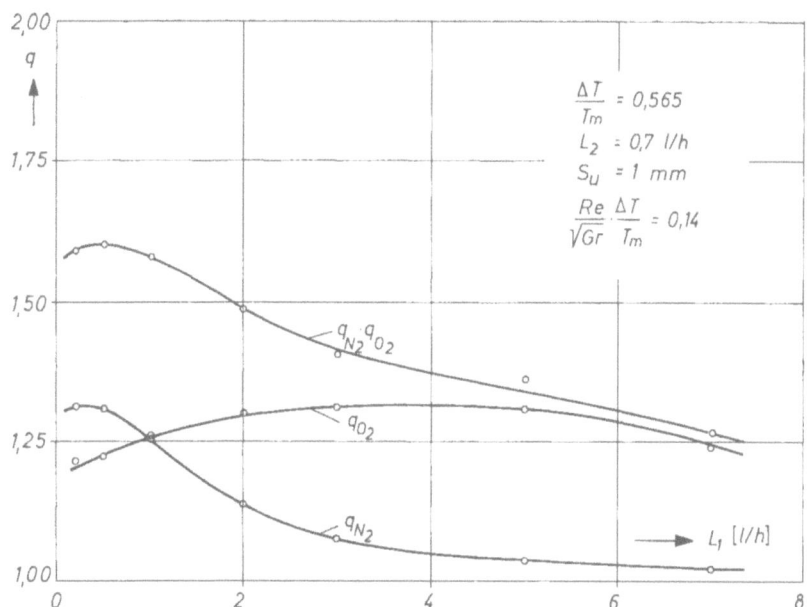

Abb. 25 Trennfaktor und Anreicherungsfaktoren an der Unterseite der Scheibe in Abhängigkeit vom Durchfluß

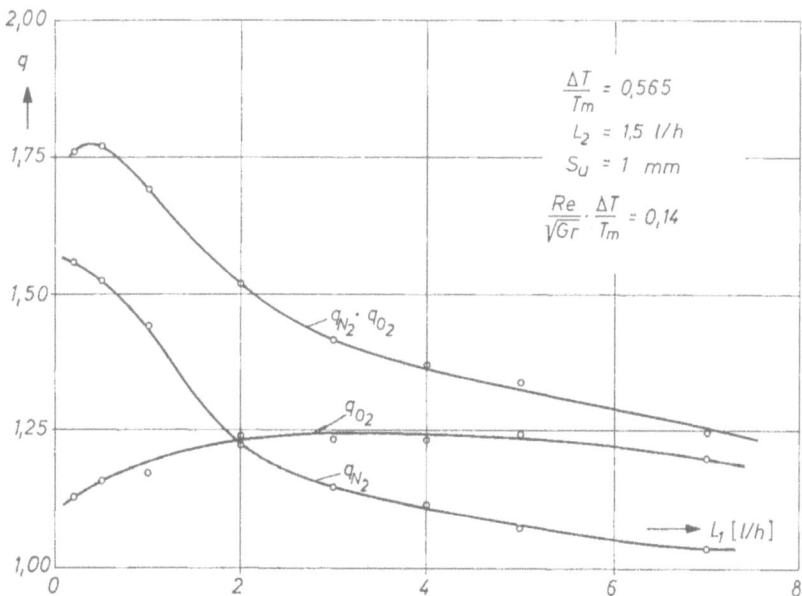

Abb. 26 Trennfaktor und Anreicherungsfaktoren an der Unterseite der Scheibe in Abhängigkeit vom Durchfluß

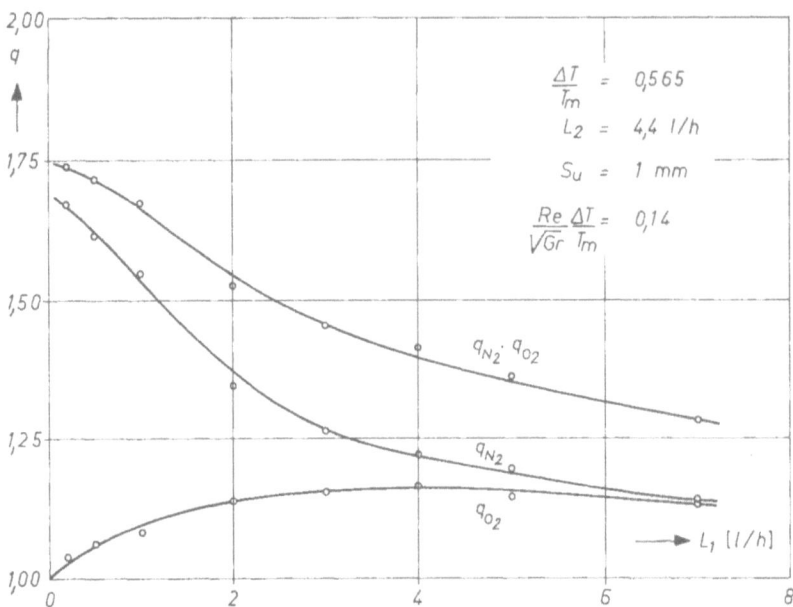

Abb. 27 Trennfaktor und Anreicherungsfaktoren an der Unterseite der Scheibe in Abhängigkeit vom Durchfluß

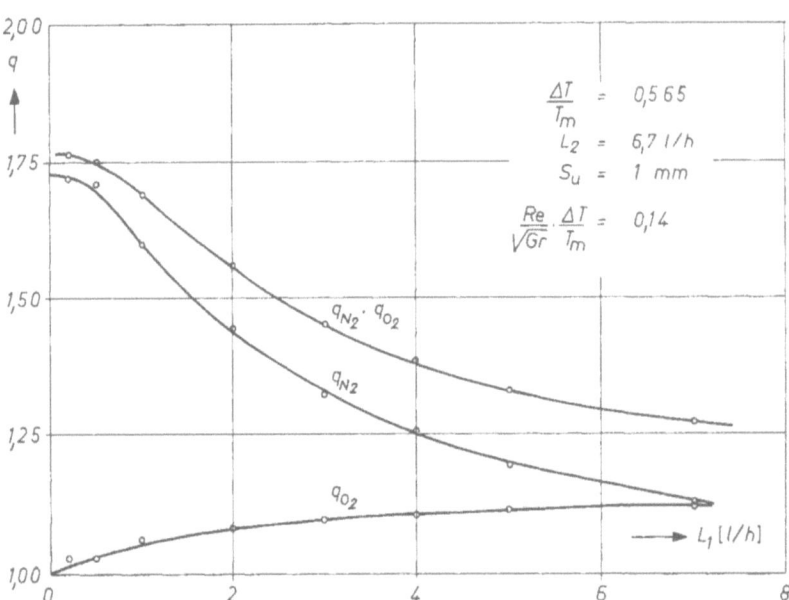

Abb. 28 Trennfaktor und Anreicherungsfaktoren an der Unterseite der Scheibe in Abhängigkeit vom Durchfluß

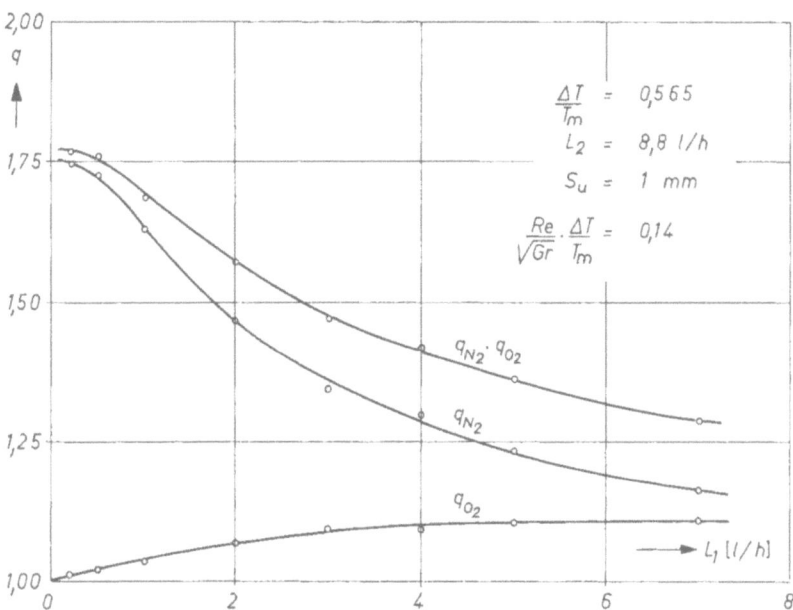

Abb. 29   Trennfaktor und Anreicherungsfaktoren an der Unterseite der Scheibe in Abhängigkeit vom Durchfluß

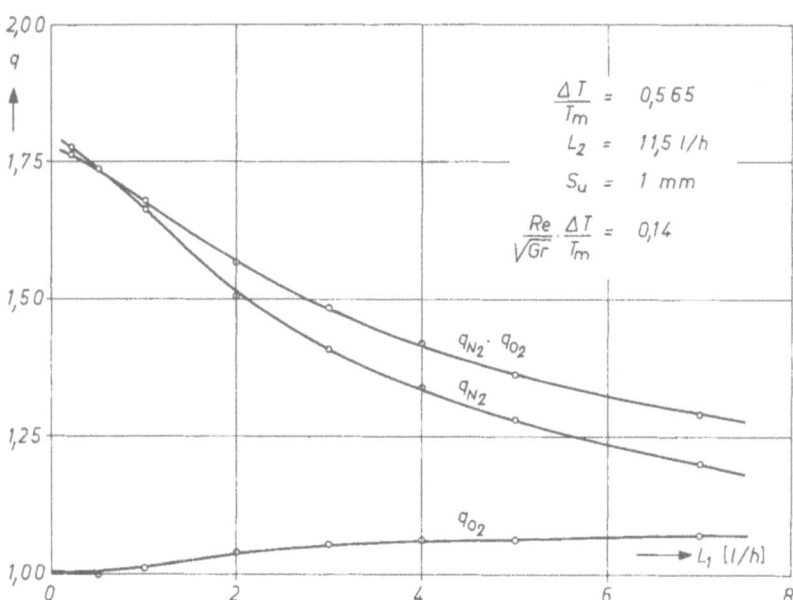

Abb. 30   Trennfaktor und Anreicherungsfaktoren an der Unterseite der Scheibe in Abhängigkeit vom Durchfluß

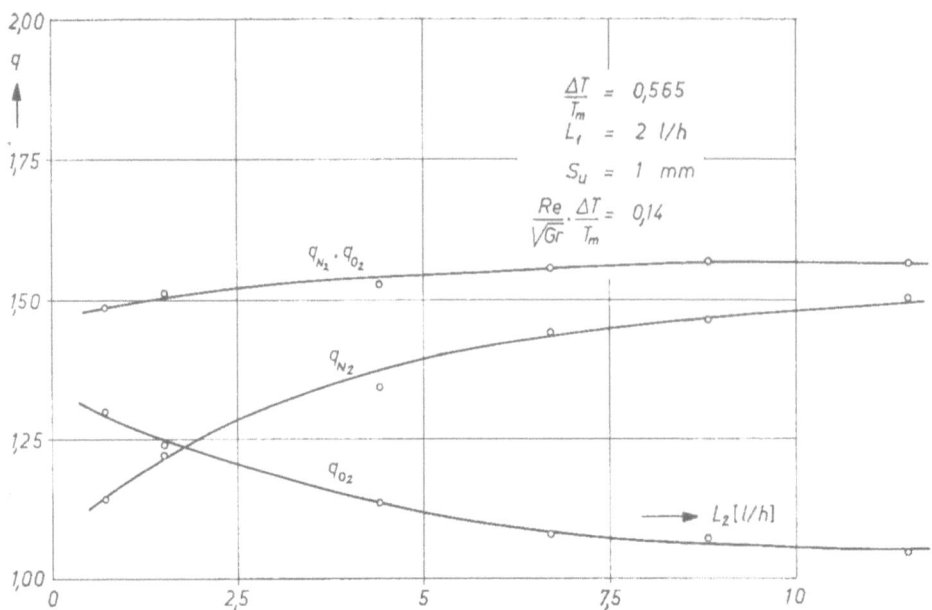

Abb. 31 Trennfaktor und Anreicherungsfaktoren an der Unterseite der Scheibe in Abhängigkeit vom Durchfluß

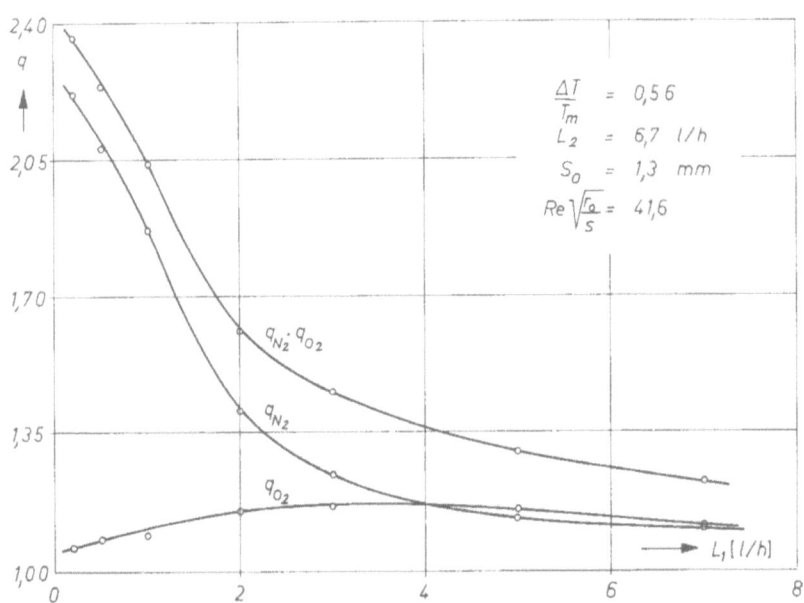

Abb. 32 Trennfaktor und Anreicherungsfaktoren an der Oberseite der Scheibe in Abhängigkeit vom Durchfluß

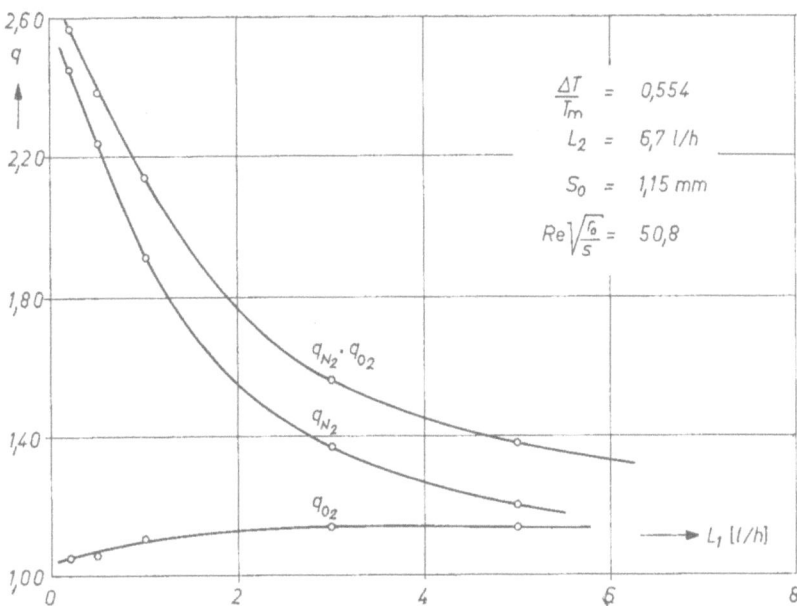

Abb. 33 Trennfaktor und Anreicherungsfaktoren an der Oberseite der Scheibe in Abhängigkeit vom Durchfluß

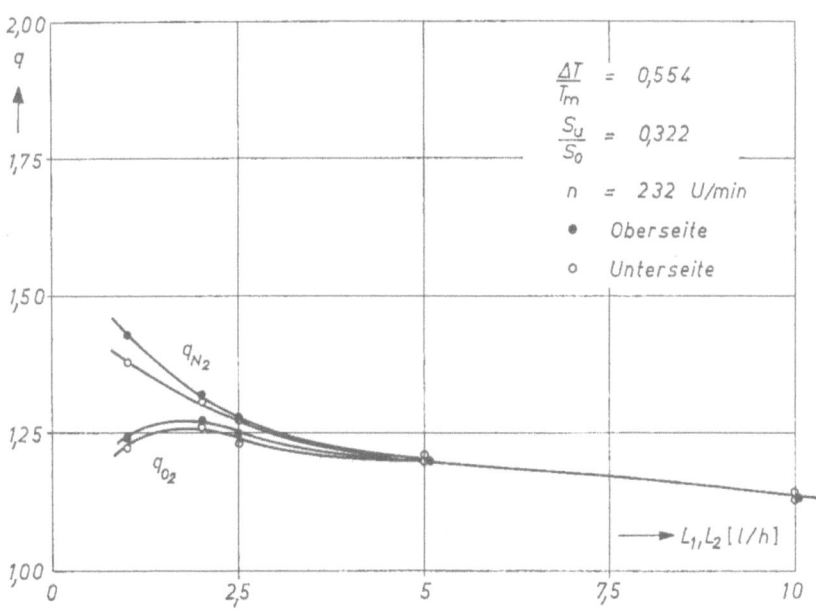

Abb. 34 Anreicherungsfaktoren bei gleichzeitiger Entnahme an Ober- und Unterseite der Scheibe

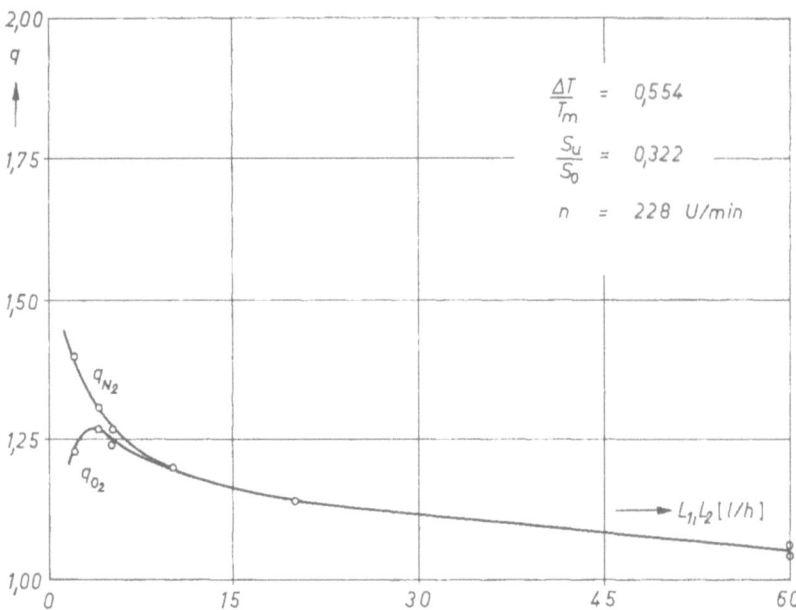

Abb. 35 Anreicherungsfaktoren bei gleichzeitiger Entnahme an Ober- und Unterseite der Scheibe

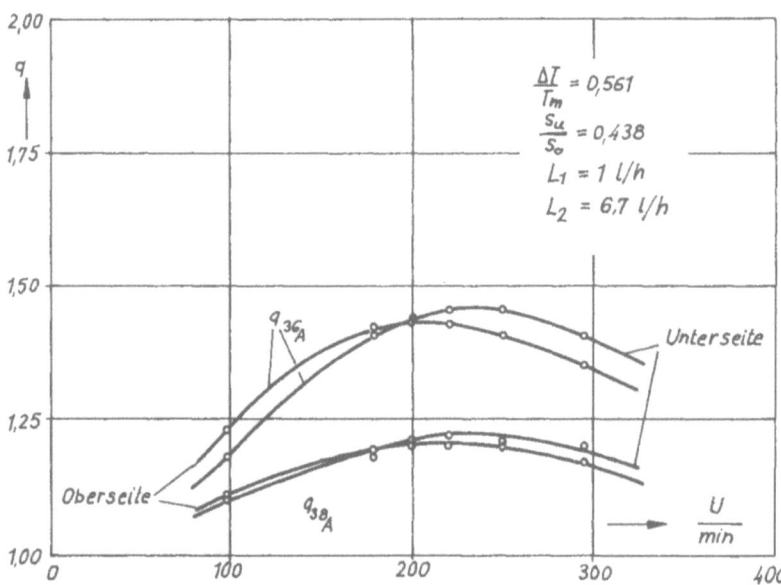

Abb. 36 Die Anreicherungsfaktoren der Isotope ^{36}A und ^{38}A bei gleichzeitiger Entnahme an Ober- und Unterseite der Scheibe

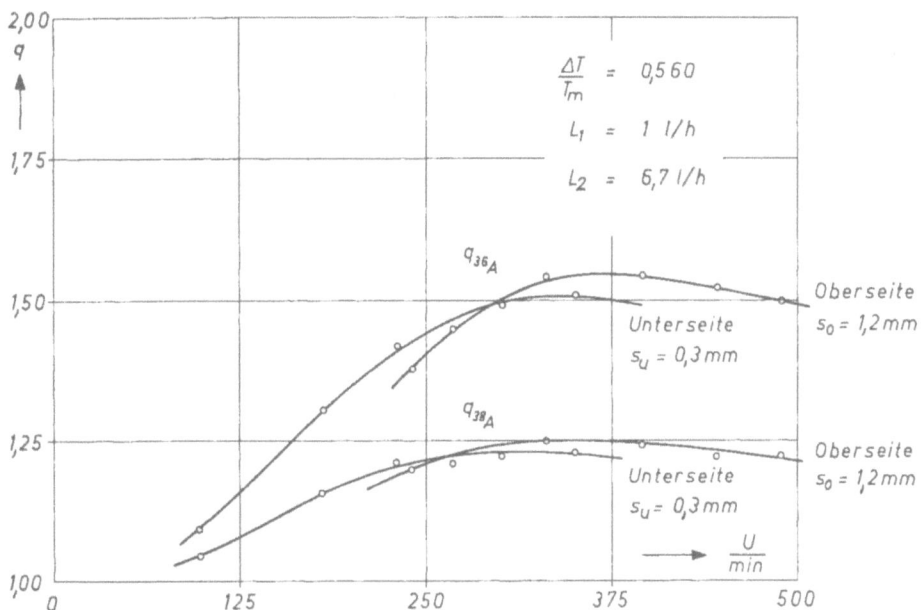

Abb. 37 Die Anreicherungsfaktoren der Isotope ³⁶A und ³⁸A bei einseitiger Entnahme an Ober- oder Unterseite der Scheibe

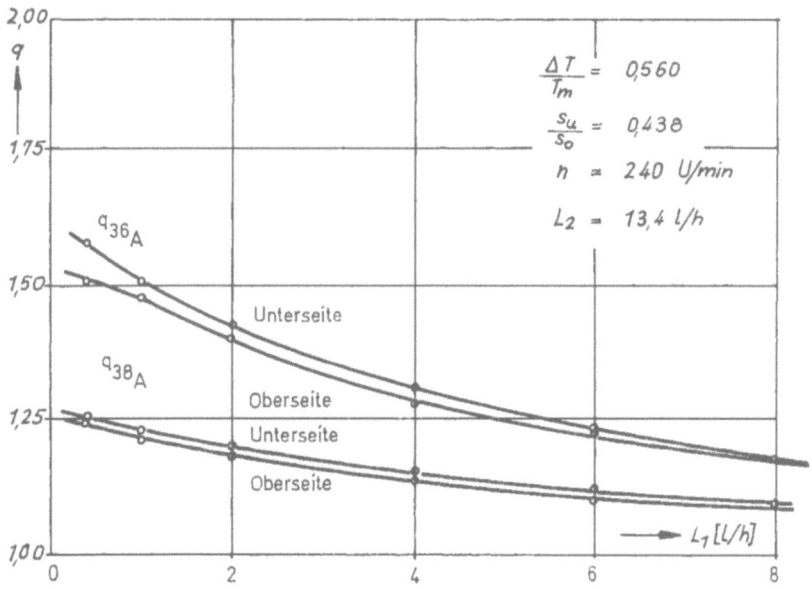

Abb. 38 Die Anreicherungsfaktoren der Isotope ³⁶A und ³⁸A bei gleichzeitiger Entnahme in Abhängigkeit vom Durchfluß

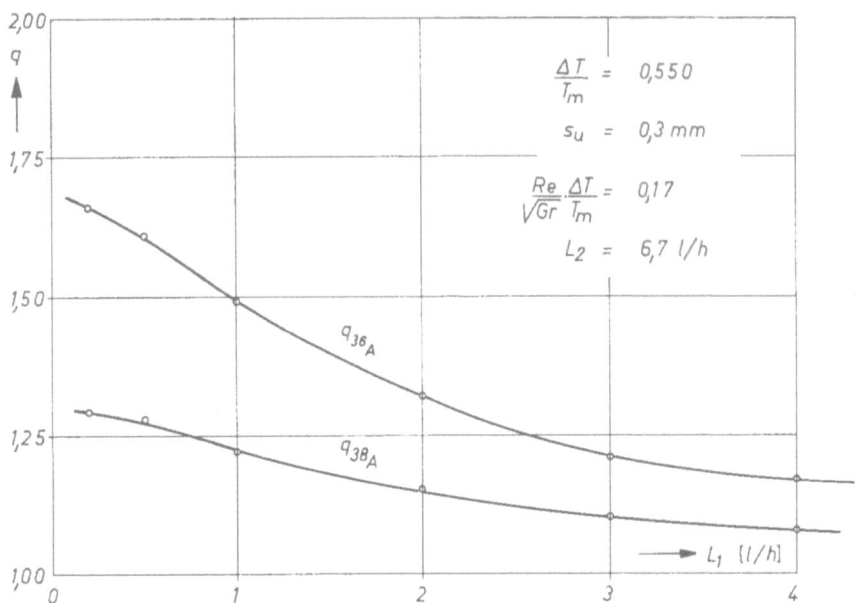

Abb. 39 Die Anreicherungsfaktoren der Isotope ^{36}A und ^{38}A an der Unterseite der Scheibe bei einseitiger Entnahme

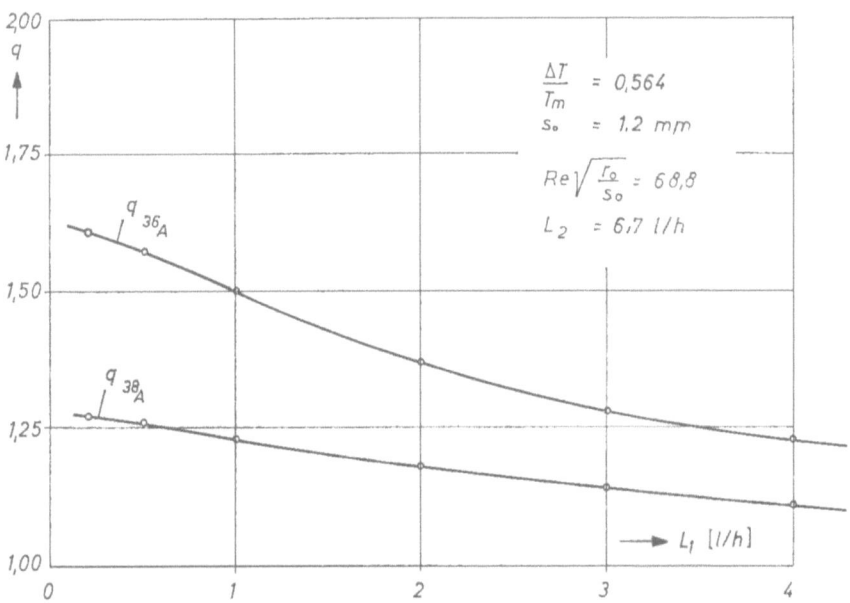

Abb. 40 Die Anreicherungsfaktoren der Isotope ^{36}A und ^{38}A an der Oberseite der Scheibe bei einseitiger Entnahme

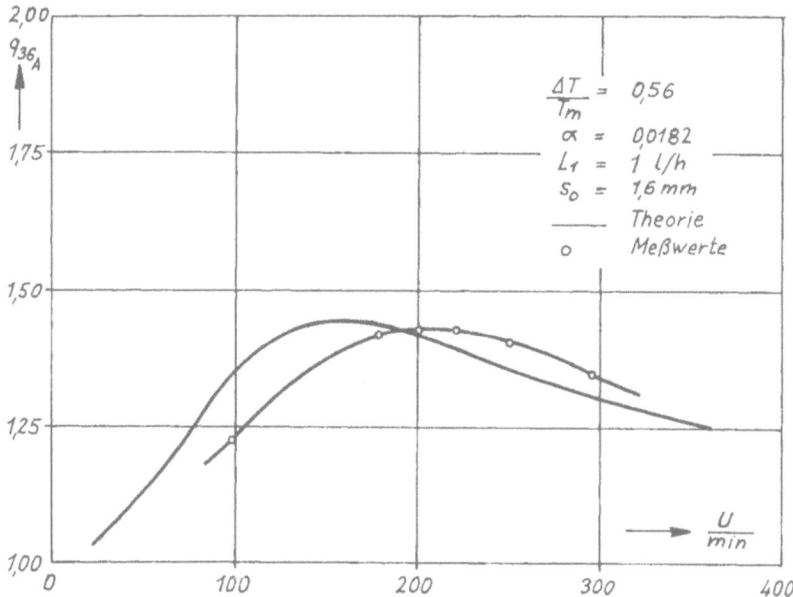

Abb. 41 Vergleich zwischen der Theorie an der ebenen Scheibe und den experimentellen Untersuchungen an der konischen Scheibe

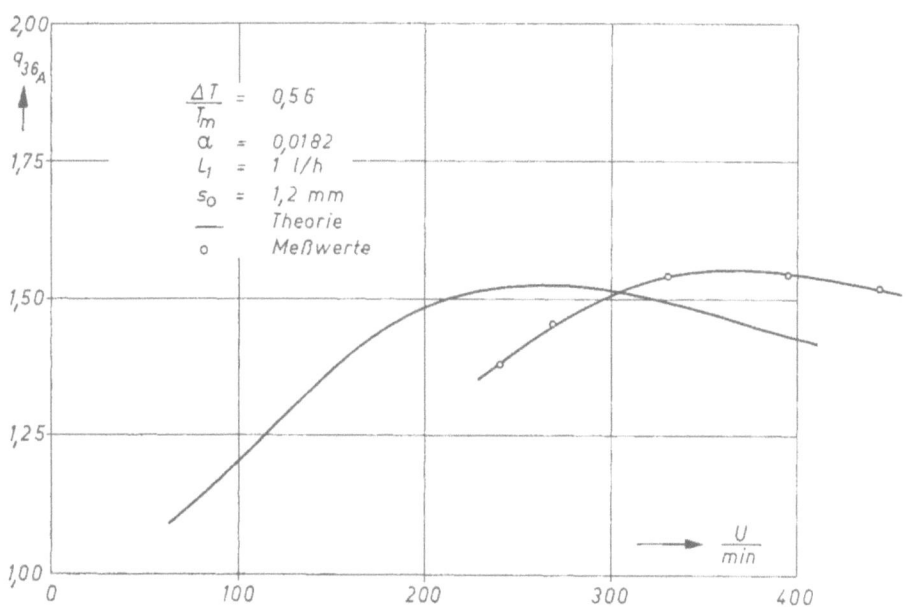

Abb. 42 Vergleich zwischen der Theorie an der ebenen Scheibe und den experimentellen Untersuchungen an der konischen Scheibe

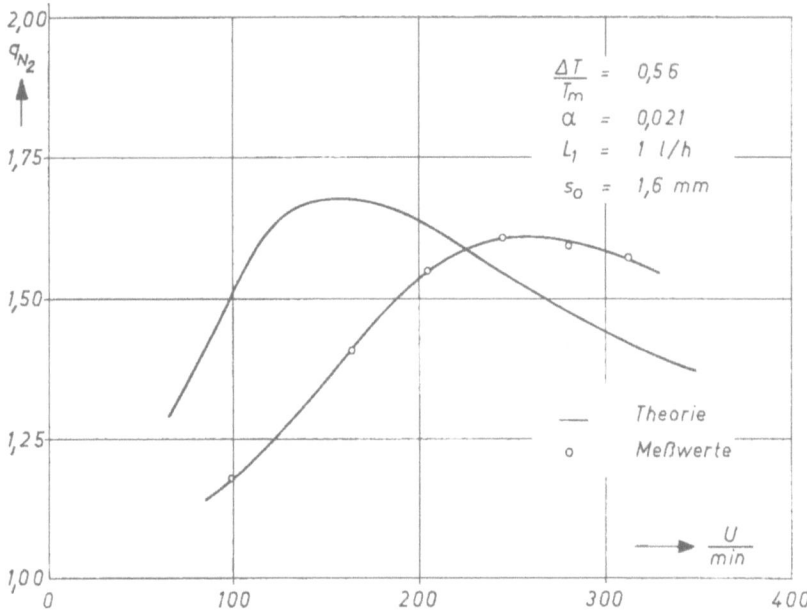

Abb. 43 Vergleich zwischen der Theorie an der ebenen Scheibe und den experimentellen Untersuchungen an der konischen Scheibe

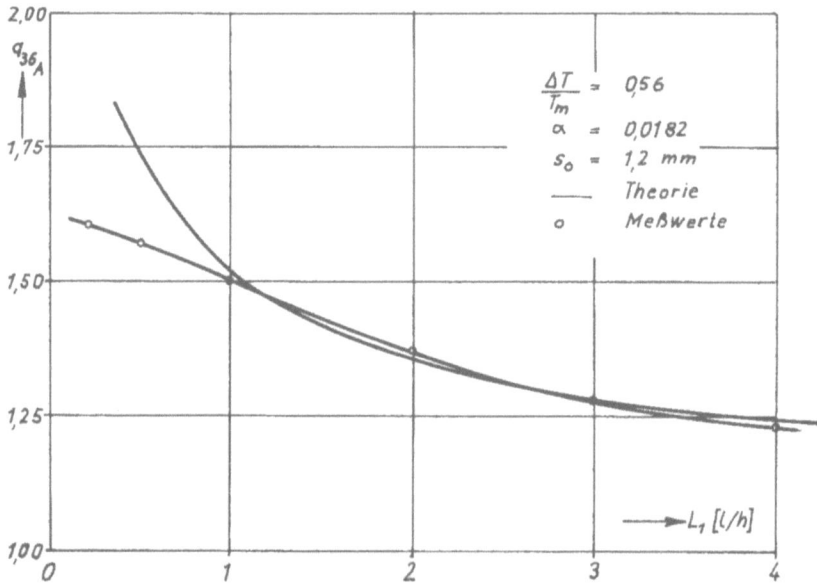

Abb. 44 Vergleich zwischen der Theorie an der ebenen Scheibe und den experimentellen Untersuchungen an der konischen Scheibe

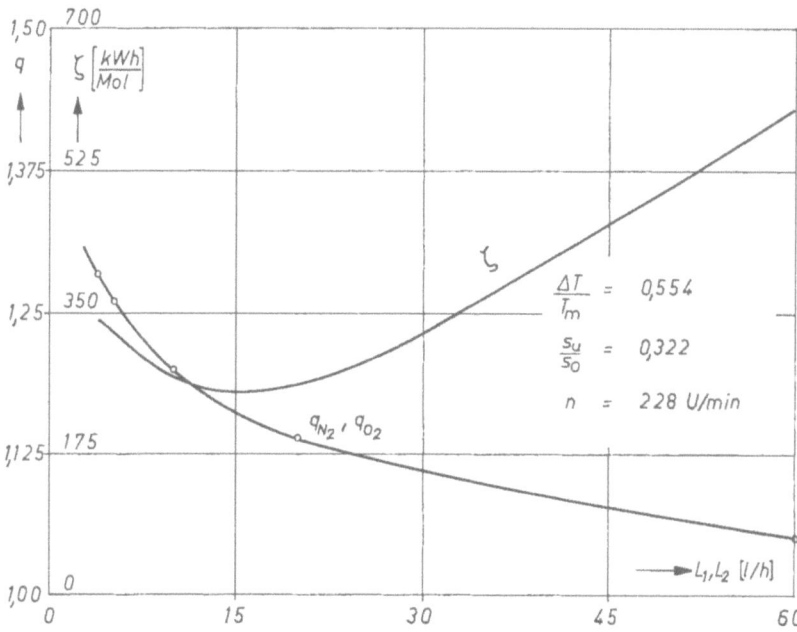

Abb. 45 Spezifischer Aufwand ζ und Anreicherungsfaktoren bei symmetrischer Trennung n. Abb. 34

Forschungsberichte des Landes Nordrhein-Westfalen

Herausgegeben im Auftrage des Ministerpräsidenten Heinz Kühn
von Staatssekretär Professor Dr. h. c. Dr. E. h. Leo Brandt

Sachgruppenverzeichnis

Acetylen · Schweißtechnik
Acetylene · Welding gracitice
Acétylène · Technique du soudage
Acetileno · Técnica de la soldadura
Ацетилен и техника сварки

Arbeitswissenschaft
Labor science
Science du travail
Trabajo científico
Вопросы трудового процесса

Bau · Steine · Erden
Constructure · Construction material ·
Soil research
Construction · Matériaux de construction ·
Recherche souterraine
La construcción · Materiales de construcción ·
Reconocimiento del suelo
Строительство и строительные материалы

Bergbau
Mining
Exploitation des mines
Minería
Горное дело

Biologie
Biology
Biologie
Biologia
Биология

Chemie
Chemistry
Chimie
Quimica
Химия

Druck · Farbe · Papier · Photographie
Printing · Color · Paper · Photography
Imprimerie · Couleur · Papier · Photographie
Artes gráficas · Color · Papel · Fotografía
Типография · Краски · Бумага · Фотография

Eisenverarbeitende Industrie
Metal working industry
Industrie du fer
Industria del hierro
Металлообрабатывающая промышленность

Elektrotechnik · Optik
Electrotechnology · Optics
Electrotechnique · Optique
Electrotécnica · Optica
Электротехника и оптика

Energiewirtschaft
Power economy
Energie
Energía
Энергетическое хозяйство

Fahrzeugbau · Gasmotoren
Vehicle construction · Engines
Construction de véhicules · Moteurs
Construcción de vehículos · Motores
Производство транспортных · Средств

Fertigung
Fabrication
Fabrication
Fabricación
Производство

Funktechnik · Astronomie
Radio engineering · Astronomy
Radiotechnique Astronomie
Radiotécnica · Astronomía
Радиотехника и астрономия

Gaswirtschaft
Gas economy
Gaz
Gas
Газовое хозяйство

Holzbearbeitung
Wood working
Travail du bois
Trabajo de la madera
Деревообработка

Hüttenwesen · Werkstoffkunde
Metallurgy · Materials research
Métallurgie · Materiaux
Metalurgia · Materiales
Металлургия и материаловедение

Kunststoffe
Plastics
Plastiques
Plásticos
Пластмассы

Luftfahrt · Flugwissenschaft
Aeronautics · Aviation
Aéronautique · Aviation
Aeronáutica · Aviación
Авиация

Luftreinhaltung
Air-cleaning
Purification de l'air
Purificación del aire
Очищение воздуха

Maschinenbau
Machinery
Construction mécanique
Construcción de máquinas
Машиностроительство

Mathematik
Mathematics
Mathématiques
Mathemáticas
Математика

Medizin · Pharmakologie
Medicine · Pharmacology
Médecine · Pharmacologie
Medicina · Farmacología
Медицина и фармакология

NE-Metalle
Non-ferrous metal
Metal non ferreux
Metal no ferroso
Цветные металлы

Physik
Physics
Physique
Física
Физика

Rationalisierung
Rationalizing
Rationalisation
Racionalización
Рационализация

Schall · Ultraschall
Sound · Ultrasonics
Son · Ultra-son
Sonido · Ultrasónico
Звук и ультразвук

Schiffahrt
Navigation
Navigation
Navegación
Судоходство

Textilforschung
Textile research
Textiles
Textil
Вопросы текстильной промышленности

Turbinen
Turbines
Turbines
Turbinas
Турбины

Verkehr
Traffic
Trafic
Tráfico
Транспорт

Wirtschaftswissenschaften
Political economy
Economie politique
Ciencias económicas
Экономические науки

Einzelverzeichnis der Sachgruppen bitte anfordern

Westdeutscher Verlag · Köln und Opladen

567 Opladen/Rhld., Ophovener Straße 1–3, Postfach 1620

MIX
Papier aus verantwortungsvollen Quellen
Paper from responsible sources
FSC® C105338

If you have any concerns about our products,
you can contact us on
ProductSafety@springernature.com

In case Publisher is established outside the EU,
the EU authorized representative is:
**Springer Nature Customer Service Center GmbH
Europaplatz 3, 69115 Heidelberg, Germany**

Printed by Libri Plureos GmbH
in Hamburg, Germany